思想者指南系列丛书（中

THINKER'S GUIDE LIBRA

识别逻辑谬误

FALLACIES:
THE ART OF
MENTAL TRICKERY AND MANIPULATION

（美）Richard Paul （美）Linda Elder / 著

高秀平 / 译　王晓红 / 审校

外语教学与研究出版社
FOREIGN LANGUAGE TEACHING AND RESEARCH PRESS
北京 BEIJING

京权图字：01-2019-3661

Original copyright © Foundation for Critical Thinking, 2006
Chinese translation copyright © Foreign Language Teaching and Research Publishing Co., Ltd, 2019

图书在版编目（CIP）数据

识别逻辑谬误／（美）理查德·保罗（Richard Paul），（美）琳达·埃尔德（Linda Elder）著 ；高秀平译. -- 北京：外语教学与研究出版社，2019.6（2024.10 重印）
（思想者指南系列丛书：中文版）
ISBN 978-7-5213-0935-5

I. ①识… II. ①理… ②琳… ③高… III. ①谬误－研究 IV. ①B812.5

中国版本图书馆 CIP 数据核字 (2019) 第 154112 号

出 版 人　王　芳
项目负责　刘小萌
责任编辑　卫　昱
责任校对　曹　妮
封面设计　孙莉明　彩奇风
版式设计　涂　俐
出版发行　外语教学与研究出版社
社　　址　北京市西三环北路 19 号（100089）
网　　址　https://www.fltrp.com
印　　刷　河北虎彩印刷有限公司
开　　本　850×1168　1/32
印　　张　2.5
版　　次　2019 年 8 月第 1 版 2024 年 10 月第 8 次印刷
书　　号　ISBN 978-7-5213-0935-5
定　　价　17.90 元

如有图书采购需求，图书内容或印刷装订等问题，侵权、盗版书籍等线索，请拨打以下电话或关注官方服务号：
客服电话：400 898 7008
官方服务号：微信搜索并关注公众号"外研社官方服务号"
外研社购书网址：https://fltrp.tmall.com

物料号：309350001

序言

思辨能力，或称批判性思维，由两个维度组成：在情感态度维度包括勤学好问、相信理性、尊重事实、谨慎判断、公正评价、敏于探究、持之以恒地追求真理等一系列思维品质或心理倾向；在认知维度包括对证据、概念、方法、标准、背景等要素进行阐述、分析、评价、推理与解释等一系列技能。

思辨能力的重要性是不言而喻的。两千多年前的中国古代典籍《礼记·中庸》曰："博学之，审问之，慎思之，明辨之，笃行之。"古希腊哲人苏格拉底说："未经审视的人生不值得一过。"可以说，文明的诞生正是人类自觉运用思辨能力，不断适应并改造自然环境的结果。游牧时代、农业时代以及现代早期，人类思辨能力虽然并不完善，也远未普及，但通过科学技术以及人文知识的不断积累创新，已经显示出不可抑制的巨大能量，推动了人类文明阔步前进。那么，进入信息时代、知识经济时代和全球化时代，思辨能力对于人类文明整体可持续发展以及对于每一个个体的生存和发展，其重要性更将史无前例地彰显。

我们已进入一个加速变化、普遍联系和日益复杂的时代。随着交通技术和信息技术日新月异的发展，不同国家和文化空前紧密地联系在一起。这在促进合作的同时，也导致了更多的冲突；人类所掌握的技术力量与日俱增，在不断提高物质生活质量的同时，也极大地破坏了我们赖以生存的自然环境；工业化、城市化和信息化程度的不断提高，全方位扩大了人的自由空间，同时却削弱了维系社会秩序和稳定的价值体系与行为准则。这一切变化对人类的思辨能力和应变能力都提出了前所未有的要求。正如本套丛书作者之一理查德·保罗（Richard Paul）在其所创办的批判性思维中心（Center for Critical Thinking）的"使命"中所指出的，"我们身处其中的这个世界要求我们不断重新学习，习惯性重新思考我们的决定，周期性重新评价我们的工作和生活方式。简言之，我们面临一个全新的世界，在这个新世界，大脑掌控自己并经常进行自我分析的能力将日益决定我们工作的质量、生活的质量乃至我们的生存本身。"

遗憾的是，面临时代巨变对人类思辨能力提出的新挑战，我们的教育和社会都尚未作好充分准备。从小学到大学，在很大程度上我们的教育依然围绕知识的搬运而展开，学校周而复始的考试不断强化学生对标准答案的追求而不是对问题复杂性和探索过程的关注，全社会也尚未形成鼓励独立思辨与开拓创新的氛围。

我们知道，人类大脑并不具备天然遗传的思辨能力。事实上，在自然状态下，人们往往倾向于以自我为中心或随波逐流，容易被偏见左右，固守成见，急于判断，为利益或情感所左右。因此，思辨能力需要通过后天的学习和训练得以提高，思辨能力培养也因此应该成为教育的不懈使命。

哈佛大学以培养学生"乐于发现和思辨"为根本追求；剑桥大学也把"鼓励怀疑精神"奉为宗旨。美国学者彼得·法乔恩（Peter Facione）一言以蔽之："教育，不折不扣，就是学会思考。"

和任何其他技能的学习一样，学会思考也是有规律可循的。

首先，学习者应该了解思辨的基本特点和理论框架。根据理查德·保罗和琳达·埃尔德（Linda Elder）的研究，所有的推理都有一个目的，都试图澄清或解决问题，都基于假设，都从某一视角展开，都基于数据、信息和证据，都通过概念和观念进行表达，都通过推理或阐释得出结论并对数据赋予意义，都会产生影响或后果。分析一个推理或论述的质量或有效性，意味着按照思辨的标准进行检验，这个标准包括清晰性、准确性、精确性、相关性、深刻性、宽广性、逻辑性、公正性、重要性、完整性等维度。一个拥有思辨能力的人具备八大品质，包括诚实、谦虚、相信理性、坚忍不拔、公正、勇气、同理心、独立思考。

其次，学习者应该掌握具体的思辨方法。如：如何阐释和理解文本信息与观点？如何解析文本结构？如何评价论述的有效性？如何把已有理论和方法运用于新的场景？如何收集和鉴别信息和证据？如何论证说理？如何识别逻辑谬误？如何提问？如何对自己的思维进行反思和矫正？等等，等等。

最后，思辨能力的提高必须经过系统的训练。思辨能力的发展是一个从低级思维向高级思维发展的过程，必须运用思辨的标准一以贯之地训练思辨的各要素，在各门课程的学习中练习思辨，在实际工作中使用思辨，在日常生活中体验思辨，最终使良好的思维习惯成为第二本能。

"思想者指南系列丛书"旨在为教师教授思辨方法、学生学习思辨技能和社会大众提高思辨能力提供最为简明和最为实用的操作指南。该套丛书直接从西方最具影响力的思辨能力研究和培训机构——批判性思维基金会（Foundation for Critical Thinking）原版引进，共21册，包括"基础篇"：《批判性思维术语手册》《批判性思维概念与方法手册》《大脑的奥秘》《批判性思维与创造性思维》《什么是批判性思维》《什么是分析性思维》；"大众篇"：《识别逻辑谬误》《思维的标准》《如何提问》《像苏格拉底一样提问》《什么是伦理推理》《什么是工科推理》《什么是科学思维》；"教学篇"：《透视教育时尚》《思辨能力评价标准》《思辨阅读与写作测评》《如何促进主动学习与合作学习》《如何提升学生的学习能力》《如何通过思辨学好一门学科》《如何进行思辨性阅读》《如何进行思辨性写作》。

由理查德·保罗和琳达·埃尔德两位思辨能力研究领域的全球顶级大师领衔研发的"思想者指南系列丛书"享誉北美乃至全球，销售数百万册，被美国中小学、高等学校乃至公司和政府部门普遍用于教学、培训和人才选拔。该套丛书具有如下特点：其一，语言简洁明快，具有一般英文水平的读者都能阅读。其二，内容生动易懂，运用大量的具体例子解释思辨的理论和方法。其三，针对性和操作性极强，教师可以从"教学篇"子系列中获取指导教学改革的思辨教学策略与方法，学生也可从"教学篇"子系列中找到提高不同学科学习能力的思辨技巧；一般社会人士可以通过"大众篇"子系列掌握思辨的通用技巧，提高在社会场景中分析问题和解决问题的能力；各类读者都可以通过"基础篇"子系列掌握思维的基本规律和思辨的基本理论。

可见，"思想者指南系列丛书"对于各类读者提高思辨能力均大有裨益。为了让该套丛书惠及更多读者，外研社适时推出其中文版，可喜可贺。

总之，思辨能力的高下将决定一个人学业的优劣、事业的成败乃至一个民族的兴衰。在此意义上，我向全国中小学教师、高等学校教师和学生以及社会大众郑重推荐"思想者指南系列丛书"。相信该套丛书的普及阅读和学习运用，必将有利于促进教育改革，提高人才培养质量，提升大众思辨能力，为创新型国家建设和社会文明进步作出深远的贡献。

孙有中
2019 年 6 月于北京外国语大学

目录

引言

要理解人的思维，先认识自我欺骗。

——佚名

fallacy（谬误）一词源自两个拉丁语词，*fallax*（有欺骗性的）和 *fallere*（欺骗）。谬误是人类生活中的一个重要概念，因为人的思维大多既欺人亦自欺。人的思维并没有一个天生的向导将其引向真理，而且人的思维天生也并不爱真理。人的思维只爱自己，爱享受，爱奉承，爱索取，爱自己所需之物，对于"威胁"则会打压甚至毁灭。

研究谬误至少有两种不同的路径。第一种路径较为传统，对谬误进行定义、解释，并举例说明谬误如何显得正确可靠。第二种路径则更为深入，将谬误的构建与人类对利益的追求和非理性欲望结合起来。使用第一种路径，学生只能记一些谬误的名称和定义，收获甚微，他们很快就会忘掉所记的内容。因为学习过程基本没有触及他们的思维，他们因此毫无触动。相反，第二种路径可以帮助学生获得终身受益的真知，理解思维——每个人的思维——如何使用错误论述及"伎俩"达到自己的目的。

仔细观察人的决策和行为，不难发现，人类生活中重要的不是谁对谁错，而是谁输谁赢。谁以金钱、资产和武器的形式掌握了权力，谁就能决定哪些真理可以在世界上得到鼓吹，又有哪些真理会被讥讽、消除或者压制。世界上的大众传媒源源不断地制造过剩的"虚假"信息，这些信息不断地在牺牲真理。若能看穿事情的表象，就会发现"信息传播"和"信息操纵"往往沦为了同义词。

学生需要具有创造性的洞察力和思维工具，才能在这个满是媒体

"食人鱼"的世界里保护自己，既不成为精神上的受害者，也不加入其中成为生力军。获得以知识完备性为基础的洞察力和手段，才应该是学习"谬误"的终极目标，这也是本指南的目标。

理查德·保罗　　　　　　琳达·埃尔德
批判性思维中心　　　　　批判性思维基金会

人类思维中的真理和欺骗

　　人的思维是一套神奇的结构和系统，是意识和行为的中枢。它形成独一无二的身份特征，创造一种特有的世界观。它与外部世界互动，产生丰富的体验。它会思考，能感受，有欲望。它能理解真理，也会抑制错误；能获得洞察，也会捏造偏见。有用的真理和有害的谬识都是它的产物。它坚信真理，但是同样轻信谬误。

　　它能在义举中看到美，却也会公然捍卫不义之举。它会爱，也会恨；可以很善良，也可以很残忍。它推动知识的发展，也助长错误的滋生。它既能表现出谦逊，也能表现出傲慢；既会体谅他人，也会心胸狭窄；既能打开心扉，也能闭塞视听。它能臻至汲取无限知识的广阔天地，也可能走入日趋愚昧的死胡同。它既超越了能力不如自己的低等生物，也用自身的自欺性及残酷性行为损害了低等生物的纯真与高贵。

　　人类是如何在自己的思维之中创造出理性和非理性的矛盾混合体的呢？答案是自我欺骗。其实，对人类最精确而有价值的定义或许应该是"会自我欺骗的动物"。在人类最"本真"、未受教育的时候，人的天性最基本的产物就是欺骗、狡猾、世故、幻想和虚伪。大多数的学校教育和社会影响并未削减这些趋势，而是改头换面，让人的天性变得更世故，更圆滑，更隐秘。

　　雪上加霜的是，人类不仅天生具有自欺倾向，而且还有社会中心主义倾向。每个文化和社会都认为自己是独特的，把自己的基本信念、习俗、价值观和禁忌视为天经地义。人类学家（如果有的话）能认识到自身风俗习惯的任意性，但是绝大多数人都认识不到这一点。

无思辨能力的人（未经认知训练的思考者）

绝大多数人都不是自由地决定自己相信什么不相信什么，而是被社会塑造出（灌输进）一套信念。他们从不反思。他们的思维是社会或个人力量的产物，对这些力量他们既不了解，又不能控制，也不关心。他们的个人信念往往基于偏见。他们的思维充斥着刻板印象、夸张讽刺、过度简化、笼统归纳、错觉、幻想、自我文饰[1]、假两难推理和循环论证。他们的动机往往可以追溯到非理性的恐惧和依恋、个人的虚荣和嫉妒、认知自大和愚蠢。这些观念已经构成了他们身份特征的一部分。

这种人关注的是对他们有直接影响的事物。他们用民族中心化和民族主义的视角看待这个世界。他们对来自其他文化的人抱有刻板印象。一旦他们的信念受到质疑——无论这些信念多么站不住脚——他们就会觉得受到了人身攻击。一旦感受到威胁，他们通常会转换到婴儿般幼稚的思维方式，冲动地予以反击。

一旦他们的偏见遭到质疑，他们往往会觉得被冒犯，认为质疑他们的人一定是"爱挑刺儿"或"有偏见"。他们依赖笼统的概括来支撑自己的信念。他们讨厌被人"纠正"，讨厌有不同意见，讨厌被批评；他们喜欢别人支持自己的观点，奉承自己，让自己显得很重要。他们希望面对一个无需复杂思考、非黑即白的世界。他们很难甚至无法理解微妙之处、精细之处或细微差别。

他们希望你直接告诉他谁是好人，谁是恶人。当然，他们把自己视为"好人"，把敌人视为"恶人"。他们希望所有的问题都有一个简单的解决办法，而这个解决办法又是他们熟悉的——比如，使用武力和暴力惩罚那些恶人。在他们的思维之中，视觉图像比抽象语言更有力量。他们极度仰慕权威、权势和名人。他们心甘情愿被左右、被控制，只要控

---

1 译者注：心理学术语，又称"理由化适应"，是一种自我防御机制或适应行为，指一个人为了掩饰不符合社会价值标准、明显不合理的行为或不能达到个人追求目标时，往往从自己身上或周围环境找一些理由来为自己辩护，把自己的行为说成是正当合理的，以隐瞒自己的真实动机或愿望的行为。

制他们的人奉承他们，引导他们相信自己的观点是正确的、睿智的。

大众传媒要吸引的正是这种人。微妙复杂的问题被浓缩成超简化的公式（"严惩犯罪！三击服刑制[2]！犯成年的罪，受成年的罚[3]！不是朋友就是敌人！"）。欺骗是王道，真相不重要。

2　译者注：源自棒球术语"三振出局"，指第三次犯暴力罪的犯人将没有假释的机会。
3　译者注：指接近成年的未成年人犯了较严重的罪，应该按照成年人对待，对其进行惩罚。

熟练的操控者（思辨意识弱的思考者）

这个群体人数较少，他们擅长操纵和控制之术。这些人极为精明，专注追求自己的私利，不在乎自己的作为对他人的影响。他们和无思辨能力的人看似有很多共同点，但是某些特质使他们有别于无思辨能力的人。他们更精通说服之术，更加世故，口才更好，而且地位一般也更高。总体而言，他们受到的学校教育更好，比无思辨能力的人更加成功。一般而言，他们位高权重，习惯在各种关系中扮演主导角色。他们知道如何利用已有的权力架构谋取私利。他们真正关心的不是推广理性价值观，而是获取私利，因此他们精心包装自己，假装和他们操控的人持有相同的价值观。

熟练的操控者很少表现出洞察力，很少对社会表示不满，进行反抗或批判。原因很简单：一旦被操控的大众发现他们否定自己的信念，他们就无法再有效操控这些大众了。

操控者利用个人才智并非是为大众谋求福祉，而是为了和同一利益集团的人组成联盟，谋求私利。操纵、主导、煽动和控制就是他们的手段[4]。

善于操控的人想要影响他人的信念和行为，而且他们也深刻地明白如何才能让人甘于被操控。因此，他们在人前努力包装自己，让自己显得有权力、权威，以传统道德卫道者的面貌示人。他们这样做的动机很明显，政客在大众面前发表辞藻华丽但内容空洞的演讲就是一个很好的例子。

"操控者"所扮演的角色也可以贴上其他标签：欺骗的主谋、巧舌如簧的骗子、诡辩家、洗脑宣传家、思想灌输者，当然还有更常见的——"政客"。他们的目标只有一个：控制信息的呈现方式，进而控制他人的思想和行为。他们也使用"理性的"手段，前提是这些手段能创造一种客观合理的假象。这样做的关键在于蒙蔽大众，使大众无法客观公正地了解某些信息和观点。

---

4 煽动者绝不是认真批判社会的人，他们只是诡辩者，因为他们的目的是"利用情绪和偏见等手段煽动大众，快速争取他们的支持，进而谋求权力"。（《韦氏新世界词典》）

公正的思辨者（思辨意识强的思考者）

最后，还有一群数量更少的人，他们掌握了理性的技巧，但是并不愿操纵控制他人。他们将思辨、公正、自我洞察融入真诚谋求大众福祉的愿望之中。他们洞明世事，能看穿谋求私利的人如何利用对人性的认识和如簧巧舌来实现个人自私的目的。他们足够机敏，能深刻认识大众社会的现象，认识蛊惑大众、控制社会的整个机制。因此，洞察力使他们不会被他人操控，道德感使他们不愿操控他人。

他们憧憬一个更加美好、更加有道德的世界，也清醒地知道那个世界与我们现在所处世界之间的距离。他们鼓励人们脱离"现状"，走向"理想"，在这个过程中他们也会保持务实的态度。他们对世界的这种洞察来源于与自己的"自我中心化"本性所作的斗争，也来源于他们对自己是如何陷入非理性思想和行为的（越来越深刻的）认识。

没有谁生来就是公正的思考者，后来才变得自私。自私的思维是人的天性，是一种与生俱来的状态。最开始，我们关注的都是自己：我们自己的痛苦、欲望和诉求。起初，我们只有在不得已的情况下才会关注他人的需求。只有不断完善自身的才智和品德，我们才能培养出公正的理性品质。关键在于，公正之人总是努力获得一种视角最广、信息最全的观点。公正之人不希望任何一种观点受到打压。他们希望大众展开讨论，使不同意见和主流意见得到平等的对待。他们希望人们能够接触更多信息，通过不同观点促进自己的理性思考，进而能够辨别他人如何操控自己的信念和行为。他们希望所有人都能看穿操控性说服的"肮脏伎俩"。他们希望公开披露那些有财有势的人如何操控那些无财无势的人。他们希望帮助人们意识到，有权有势之人如何利用人们容易上当受骗和容易受到伤害的特点，屡屡坑骗那些贫穷或没有受到良好教育的人。

应该指出，那些我们称之为"操纵者"的人其实本身也深受其洗脑宣传和欺骗伎俩之害。他们受困于自己的洗脑宣传和狭隘视角，有时也会失败。很多企业由于无法批判地看待自己的错觉而倒闭。很多国家无法顺利发展，是因为其领导人陷入自己对世界（以及敌人）不切实际的描述中。操控者往往并非大阴谋家，他们也具有片面性，但这种片面性只有分得清"谋求私利"和"公正思辨"的人才能看清。只有能进行自我批判和自我洞察的人，才能准确地认识到自己在社会、心理和理性上操控他人的程度。

思维谬误的概念

《牛津英语词典》是这样定义 fallacy（谬误）一词的：

> fallacy（谬误）一词源自两个拉丁语词，*fallax*（有欺骗性的）和 *fallere*（欺骗）。

1. 欺骗、诡计、奸计、伎俩；
2. 欺骗性、误导倾向、不切实际；
3. 有欺骗性或误导性的论述、诡辩，尤其指逻辑学中内容或形式上的错漏，可以致使三段论不成立，也指诡辩推理、诡辩术；
4. （尤其指错误推理中的）有欺骗性的观点、错误，也指被欺骗的状态、错误；
5. 诡辩性质、（论述的）错误性、误差、错觉。

人作为思考者，往往都是"自我欺骗"的，因此也是有"谬误的"。但是，一想到我们自己竟然相信谬误（或者竟然为偏见、刻板印象和错误想法辩护、正名），便让人痛苦不堪。因此，人的思维发展出多种方式来抵御这种痛苦。

心理学家把这些方式称为"防御机制"。这些机制否认或扭曲现实。人们使用这些机制并非刻意为之，而是潜意识的，不可预见。这些机制包括：压抑、投射、否认、合理化和刻板印象。

为谬误命名

哲学家叔本华在评价说服的伎俩时曾经说过：如果每个伎俩都能被赋予一个简短又恰如其分的名称，那将是极好的，因为如此一来，一旦有人使用某种伎俩，他立刻就会被谴责声讨。

不幸的是，人们可以使用无穷无尽的伎俩，来伪装他们蹩脚的推理，把坏的思维包装成好的，掩盖实情。而且，当蹩脚的推理能支持自己坚定的信念时，大多数人不愿意承认自己的推理有多糟糕。这就好像人们潜意识都接受这一前提："为了抢夺权力、财富和地位，一切都是合理的。"若人们带着强烈的感情相信某事，凡是能支持这些信念的论述、考量、伎俩和解释，在这些人看来就是正当合理的。信念越强烈，理性和证据就越难以撼动它。

大多数人都坚信——但却意识不到——以下这些前提：
1. 我相信的事就是真理。
2. 我们相信的事就是真理。
3. 我愿意相信的事就是真理。
4. 相信此事对我有利，那么此事就是真理。

人的思维往往局限狭隘、顽固不化、墨守成规；同时，人的思维也极其善于自我欺骗和合理化。人类的本性具有高度的自我中心化和社会中心化倾向，肆意追逐私利。人们的目标不是真理，而是利益。其信念不是通过一个理性的过程获得的，他们对理性的批判极为抵触。人的思维主要由盲目信任、恐惧、偏见和自私主导。人类思维的特征一方面是充满自欺，另一方面是缺乏自制。结果致使诚实正直大打折扣：自己思维中的错误被指出时，大多数人会暂时保持沉默，但是就像绷紧又松开的橡皮筋一样，他们很快就会回归自己最初持有的信念。

正因为如此，培养理性品质对人的发展至关重要。不经过长期的思维转变，几乎无法培养高度诚实的思考。面对挑战，人的思维会根据其最为原始的理性本能进行运转。政治史、经济史、宗教史、战争史或者任何一种能深入探究人类思维运转的历史，都能佐证这一点。

因此，学会识别最常见的说服伎俩很重要，这或许有助于我们了解自我、了解他人。用在他人身上，谬误会成为（在认知上）无法抵御的说服手段和操控伎俩；用在自己身上，谬误就是自我欺骗的工具。

在这本指南中，我们重点关注最常见、最猖狂的认知伎俩和陷阱。有时，这些伎俩会"伪装"成良好的思维。比如，假两难推理就会伪装成真两难推理。分析归纳和类比的错误时，我们会发现这种现象最为明显。

错误还是谬误

你可能会问："那么怎么理解错误呢？"我们所犯的谬误有没有可能是由于疏忽、无意、无心造成的？

答案当然是可能的。有时，人们犯下错误并非有意欺骗他人。要想测试某人在思考时是否只是无意犯错，方法也很简单：向这个人指出错误，他就不得不直面思维中的问题，然后观察他是否真心作出改变。换言之，别人要求他作出改变的压力消失之后，他是回到原来错谬的思维方式，还是心悦诚服（并相应地调整思维）？如果他故态复萌，或编出一套新的理由文饰自己的行为，我们就可以得出结论：此人在利用谬误谋求私利，而不是犯了个小错误。

谬误的清单无法穷尽

列出一个无所不包、穷尽所有的谬误清单是不可能的。从多种不同视角可以用各种不同术语来描述人类日常使用（或深受其害）的思维上的伎俩、陷阱和骗局。在这本指南中，我们只探讨最常见或最容易识别的一些谬误。我们的列表和分析并非无懈可击，只列举了人类思维中最常见的一些问题，你可以继续完善它。（在思考时）人们常常：

- 模糊、混乱、迷糊
- 草率下结论
- 不能思考背后的含义
- 迷失目标
- 不切实际
- 专注细枝末节
- 不能发现矛盾之处
- 使用不确切的信息
- 提出模糊的问题
- 给出模糊的答案
- 提出有诱导性的问题
- 提出不相关的问题
- 混淆不同类型的问题
- 回答自己无法给出答案的问题
- 基于不确切、不相关的信息得出结论
- 只使用能支持自身观点的信息
- 得出自身经历无法支持的推论
- 篡改数据，以错误方式再现
- 没有注意到自己的推论结果
- 得出不合理的结论
- 不能发现自己的假设
- 作出不正当的假设

- 忽视关键观点
- 使用不相关的观点
- 形成混乱的观点
- 形成肤浅的概念
- 用词不当
- 忽视相关的观点
- 不能从他人的视角看待议题
- 混淆不同类型的议题
- 缺少对自身偏见的洞察
- 思维狭隘
- 思维不严密
- 思维不合逻辑
- 思维片面
- 思维过于简单
- 思维虚伪
- 思维流于表面
- 思维有民族中心化倾向
- 思维有自我中心化倾向
- 思维不理性
- 解决问题的能力弱
- 决策不良
- 认识不到自己的无知

　　以上问题很少能够与传统的谬误标签一一对应。但是，我们有必要了解常见的谬误有哪些，以及如何区分谬误和合理的推理。

　　所有的谬误都源于滥用某种原本很合理的思维方式。比如概括归纳，这是人类思维中最重要的行为之一；又如通过类比和隐喻作比拟，同样是重要的思维方式。我们分析谬误时，首先会详细分析概括和比拟（以及滥用这两种方式导致的思维错误）。之后，我们会重点、详细地分析一些最常使用的谬误。篇幅所限，面面俱到地分析所有谬误不太现实。我们共计分析 44 种谬误（本书将其称为"44 种赢取辩论的卑鄙手段"）。我们将这些谬误视为不道德的策略，其目的是赢得辩论，操控他人。这是人类日常认知中的"肮脏伎俩"。成功使用这些伎俩的人之所以能够得逞，一定程度上是因为他们欺骗自己，让自己相信自己的推理是正确的。

错误的概括

　　作为人类，我们生活的世界充满着抽象和概括。那些帮助我们的思维命名或描述特征的词都是"概括"这一精神活动的产物[5]。当然，语义学家提醒得没错："第一头牛不是第二头牛不是第三头牛。"每一个存在的事物都是独一无二的。巴特勒主教有一句让人印象深刻的话讲过同样的道理："凡事皆自有，并不关其他。"

　　但是，尽管万事万物都是独特的，我们还是会用词语将我们遇到的事物进行归类，忽略独特性，集中描述相似性和（大致的）差异性。因此，我们提到桌子、椅子、牛、乌鸦、人、诗歌和社会活动时，实际上指的是一类人或物。尽管单独讨论单个的桌子、椅子、牛、乌鸦、人、诗歌和社会活动也有意义，但是我们还是要以各种方式对事物进行"概括"。我们笼统地讨论近乎所有我们关心的问题：生与死，爱与恨，成功与失败，战争与和平。

　　因此，我们在讨论问题之时，不要轻易说出"你说得太概括了！"（言下之意即概括的自然就是错的），更不可为此洋洋得意。须谨记，概括是交流必不可少的基础。有了概括，我们才能构建概念，进而进行所有的思考[6]。

5　比如，我们称某人为"女人"，就是从其个体和个人的所有特征中抽离出来，只关注她及她所属的性别所共有的特征。我们对每个词几乎都是这样做的。这意味着没有（语言上的）抽象工具，人类的生活是无法存在的。这些工具使我们能够完成人类特有的几乎所有活动。因此，抽象本身是不可或缺的，本身不是坏的。

　　归纳概括的功能非常简单。没有概括，我们无法解释任何事。没有概括，我们无法解释身边发生的事，只能四顾茫然。因为概括就是将（我们不理解的）一组事物与我们借助"抽象"词语能够理解的事物进行类比。

　　批判性思维是如何帮助我们进行概括和抽象的呢？答案同样很简单。有了批判性思维，我们就能掌握自己思维中产生的抽象，掌握我们对世界所作的概括，并最终理解我们自己的推理。

　　那么，为什么会有很多人处理不好抽象和概括呢？答案同样很简单。大多数人对抽象和归纳知之甚少，而且对抽象感到不安。他们不理解推理。说实话，对他们而言，理性事物这一概念就是一个谜。他们缺乏批判性思维技巧，不知道如何得出有用、合理的抽象和概括，不知道如何在思维中激活它们，如何在现实世界中有节制地使用它们。

6　作为练习，你可以重新阅读本段文字，阅读的同时思考本段的总体思路有哪些。其实每种思路背后都蕴含一些概括。也许你会注意到，在本节的内容中，我们是在对"概括"进行概括。

有时某个概括所依据的个例太少或不具代表性，这个概括就是"错误的"。比如，我们在罗马旅游时遇到三个风趣的意大利人，如果据此概括认为所有或多数意大利人都很风趣，那就是不合理的（我们没有理由认为遇到的那三个人能代表所有或多数意大利人）。另一方面，判断一个概括是否合理不仅仅靠例子的数量。比如，你摸了一个热火炉，手被烫伤，那么这一个例子就足以概括得出结论："千万不要赤手摸热火炉。"根据少数几个例子我们甚至能够合理地得出更宽泛的概括："不要让裸露的皮肤直接触碰过热的物体。"

那么，如何才能确保我们所作的概括是合理的呢？答案就是确保有足够的证据证明概括的合理性。比如，我们概括的群体越多样，就越难对其进行合理的概括。因此，对于青蛙（青蛙的行为有一致性）的概括要比对家犬（家犬的行为有多样性，每种狗甚至每只狗都不同）更容易。同样，对家犬又要比对人（人的行为在很多参数上都各不相同）更容易进行概括。人的行为极其多样，你可以以自己的情况为例。

你出生在某种文化中（欧洲、美洲、非洲或亚洲），出生在某个时间点（某个世纪的某一年），出生在某个地方（某国的某城，北部、南部、东部或西部），生养你的父母有某些信念（关于家庭、个人关系、婚姻、童年、顺从、宗教、政治和学校等的信念）。你是带着很多禀性降生在这个世界的，在你与外部环境互动的过程中这些禀性会影响你的成长。你建立了各种联系，主要是和身边的人联系，这些人又有各自的视角、价值观和严守的禁忌。受所有这些因素的影响，你成为一个复杂独特的个体。因此，别人对你进行概括时要格外谨慎；同样，你对他人进行概括时也应格外谨慎。

不过，这并不是说我们就不能对人类进行重要的概括。比如，我们和所有的人一样，都有一些共同的特点。基于对人类思维的了解，我们可以概括出如下结论：

1. 我们应该认识到自身认知能力的范围和限度，这对我们认知的发展至关重要。
2. 大多数人都认识不到自己的思维有自我中心和民族中心倾向。

3. 大多数人不愿了解社会熏陶及其固有的民族优越感带来的
   影响。

米尔格拉姆实验进行了一系列重要的研究，发现人类倾向于（不加批判地）顺从权威人士的命令，即便这些权威人士并无权惩罚他们或强制他们顺从，或者即便他们明白这些权威人士要求他们做的事是"不道德的"。

另一个关于"敌我同象"的研究发现，人类有一个惊人的认知缺陷。当两个群体因同一个目标发生冲突时，这种缺陷就会发生。在冲突双方拥有共同的美德和恶习时，他们会把美德据为己有，同时把恶习甩给对方。我们"值得信赖、热爱和平、值得尊敬、充满人性"，他们（我们的敌人）则"奸诈邪恶、穷兵黩武、残酷无情"。

每天的新闻中随处可见反映这种现象的例子。这些新闻充斥着"我方"的光辉形象，还有敌人的丑恶嘴脸。自我美化的概括迎合了人们的自我认知，永远都是受欢迎的，很容易被人"相信"。丑化对手的概括同样受欢迎，同样容易被人"相信"，道理是一样的。作为社会性的动物，我们不愿意承认自己对对立群体成员的恐惧和不信任。我们拒绝面对这样一个事实：我们和我们憎恨恐惧的那些人并没有什么两样。我们的思维具有自我中心化和社会中心化的特点，我们的行为以此为基础，导致各种痛苦、折磨和资源浪费，反过来又使我们的思维陷入泥沼之中。

对概括的分析

我们若希望成为理性的人，就必须主动质疑自己以及他人对事物的概括。我们必须主动撕下对所见所闻之物的标签，然后（一遍遍地）问自己："我们对此事此物彼事彼物究竟知道什么？"

根据传统的定义，错误的概括一般被附上"草率"或"不具代表性"的标签。我们将这两个标签浓缩为两条建议：第一，在概括形成的过程中就要留心；第二，检查是否有足够的证据证明这个概括。换言之，要确保花时间收集足够多的事实来支撑概括，还要确保收集到的证据能够"代表"整个范围内的相关信息。只要有必要，就要对概括进行限定（使用"多数""很多""一些"或"很少"，而不是"所有""全部"）。

要记住，我们都是人，说的是人的语言，而我们所说的语言充斥着概括和抽象。我们在解释自己所经历的事实时，往往在事实之上添加个人的主观阐释；因此我们要培养自己的能力，尽量去除这些主观阐释（即要求自己只谈论具体的事实，不贴标签）。我们还要尽可能少地使用阐释性概括的语言，让自己的描述更精确、更准确、少些偏见。

下面这些例子是人们常作的概括，有的合理，有的则不合理：

案例："昨天我见到了一个最厉害的人。他 / 她特别善良，善解人意，心思敏锐，处事周到。"

评论：仅凭一面之缘就对某人的性格作概括，往往是不合理的。

案例："嗯，你不打算捍卫我们的国家么？我还以为你很爱国呢。"

评论：这里有一个隐含的概括：人绝对不能批评自己的国家，因为这种行为不符合忠诚的要求。此外，无意识地作这种（政治）概括的人往往也会就人与人之间的爱作一种类似的概括："你若真的爱我，就不会批评我。"这两种概括都忽略了一个事实，即合理的批评对创造一个更好的世界是必不可少的，而且是有益的。最严厉的批判家往往也是最忠诚的爱国人士，托马斯·潘恩[7]就是一个典型的例子。

---

7 译者注：托马斯·潘恩（Thomas Paine，1737—1809），英裔美国思想家、革命家、激进民主主义者，美国开国元勋之一，被誉为"美国体制之父"。

案例："你到底为什么总是这么挑剔？正常一回行吗？"

评论：除了"这么挑剔"一说过于模糊，上面这句话还有一个隐含（且荒谬）的概括："挑剔"是"不近人情的"。此外，还要注意另一个隐含的概括：你"总是"挑剔。实际情况很可能是你有时挑剔，也可能是你常常挑剔，但是"你总是挑剔"可能性不大。

案例："当然，我不是个理性的人。可我有感情！"

评论：这些话隐含的意思是有理性和有感情是不可共存的。但是事实并非如此，一个理性的人和一个不理性的人，感情可能一样浓烈。他们的区别在于，理性的人所作的情感反应是合理的，是"符合"当时的情况的。理性的人人格更完整，很少有前后矛盾的行为，更有远见。对一个理性的人来说，思维、感情和欲望之间的一致性为其专注和投入奠定了基础。上面的例子概括认为有理性和有感情不能共存，是基于一种刻板印象，而不是真正的洞察。

案例："我们面对现实吧！答案就是爱，爱才是创造更美好世界的唯一方法。"

评论：如果人人都关爱他人，无疑我们可以创造一个更美好的世界。但是，由于人先天的自我中心化和民族中心化，这个世界充斥着贪婪、暴力、自私和残酷，我们如何能够创造这种爱呢？我们如何才能改变人的思维，让他们迸发浓烈的爱呢？所谓的"爱是答案"并不是一个很有用的概括，我们需要从多个方面对其进行限定。

案例："为拯救人的生命，我们花费了大量金钱防控生物恐怖主义。但是与其他方式相比，这种方式并没有什么意义。我们花费几千亿去拯救只是可能面临危险的生命，却任由在家门口每天有数百人死去。美国医学研究所的数据显示，每年约有 18,000 名未成年人因为没有保险而失去生命。这是 9·11 事件中死亡人数的六倍！"（这个例子改编自 2003 年 4 月 27 日《旧金山纪事报》刊登的一篇文章）。

评论：如果上文所述情况属实，这个例子的推理就很有道理，其背后隐含的推理应该是合理的：用于拯救生命的钱应该花在发挥最大效用的地方。

案例："全世界生产的粮食足够养活所有人。我为什么这样认为呢? 答案很简单：仅全世界谷物产量这一项就超过了 15 亿吨，足够全世界所有人每天食用约 0.9 千克。再加上蔬菜、水果、坚果和肉类的现有产量，足够为每个人（无论男女老少）每天供应 3,000 卡路里的热量——相当于美国人的平均日消耗量。"

评论：如果上文所述情况属实，这个例子的推理就很有道理，其背后隐含的推理应该是合理的：全世界生产的粮食足够养活所有人。

案例："饥饿是由人口过剩造成的，如果人少生孩子，就不会挨饿了。"

评论：为了判断这个结论，我们先考虑一些相关事实。根据食品与发展政策研究所的发现，人口过剩并非导致饥饿的原因，事实往往恰恰相反：饥饿是人口过剩的真正诱因之一。一个贫穷的家庭生的孩子越多，就越有可能有些孩子存活下来，在田里或城里工作，增加这个家庭微薄的收入，之后能够为父母养老。高生育率是一个社会体系失败的症状——家庭收入不足、营养不良、教育欠佳、医疗和养老没有保障。如果上文所述情况属实，那么这个例子的概括就不合理。

判断各种概括的时候，一定要准确理解对方所说的话。比如，如果有人谈论爱国的重要性，我们就应该花些时间弄清楚这种说法究竟隐含了哪些意思，没有隐含哪些意思。比如，爱国究竟是应该爱什么：爱土地、天气、理想、大众媒体、电影、司法体系、医疗体系、已通过的法律、财富、军队、外交政策? 我们一旦明白了某个概括究竟在说什么（以及没在说什么），接下来就要判断需要哪些信息和证据来证明这个概括的合理性。此外，如前文所述，我们还应该谨慎选用"多数""一些"和"几个"等限定词，尽量减少错误概括。切记以下原则：

- 如果你的意思是多数，就不要说所有。
- 如果你的意思是一些，就不要说多数。
- 如果你的意思是几个，就不要说一些。
- 如果你的意思是一个，就不要说几个。

后此谬误

"Post hoc ergo propter hoc"是拉丁语，讲的是概括之中一个著名的错误，其字面意思是"在此之后即因此之故"。它所指的错误是认为甲事发生在乙事之前，那么一定是甲事导致了乙事。我们可以举一个容易理解的例子："昨天我做完代数后就肚子疼，以后我再也不做代数了。"再举一个："昨晚我儿子出车祸了，出事之前我就预感可能会有坏事发生。这说明你想象亲人会发生不好的事，就会伤害到他们。"

实际情况是任何一件事发生之前，总会有其他事发生，而且通常是很多很多事。这并不意味着早先发生的事导致了之后发生的事。星期一在星期二之前，但星期一并非星期二的诱因。夏天在秋天之前，但夏天并非秋天的诱因。我先穿鞋子再吃早饭，但是穿鞋并非我吃早饭的诱因。

案例："上一次教师大罢工的时候，一个学生在打斗中身亡。由此可见，教师罢工是多么不负责任！"

评论：对此我们深表遗憾，但是两者之间并无因果关系。罢工发生在打斗之前，但是仅凭这一点绝不能说明罢工导致打斗。

案例："上一次我在杰克餐厅吃晚饭，第二天就肚子疼得厉害。杰克餐厅的饭一定有问题。"

评论：这个关于杰克餐厅食物质量的后此谬误，我们恐怕不得不予以否认。上述情况中的肚子疼可能由很多其他事情导致。我们需要确认一下，在杰克餐厅用餐的其他人是否也有身体不适。

类比和隐喻

为了理解新的经历和现象，我们常常将其与自己已经理解的经历和现象进行比拟。如果能确定两者之间只有部分相似，而非完全相同，那就应该意识到我们是在使用类比或隐喻。类比和隐喻很好区分。如果我们在描述中使用"像"字，就是在作类比（他像只老鼠）。如果我们把"像"字去掉，就是在作隐喻（他是只老鼠）。类比和隐喻可以帮助我们理解这个世界。我们常常（逐条对应地）将甲事物与类似的乙事物进行比拟，借此解释甲事物。隐喻和类比可以提供一个暂时的模型，帮助我们理解"字面"无法理解的事物。

无论何种情况，表述都可以分为三类：字面表述、类比表述和隐喻表述。

- 森林里有很多树桩。（字面表述）
- 树桩就像森林里的椅子。（类比表述）
- 这个森林里有几千个树桩，每一个都是伐木业霸权的牺牲品，是伐木业无视生态环境的证明。（隐喻表述）

接下来我们分析几个类比或隐喻的例子。两者都是理解事物的方法，我们可以尝试分析每个例子对理解新事物的"用处"或"启示"。在有的例子中，我们需要先弄清相关表述和情境才能予以评价。

案例：人生就像一条美丽的蜿蜒小道，两旁满是明艳的鲜花，漂亮的蝴蝶，还有诱人的水果，可是我们很少停下来欣赏品尝，我们急于奔向更广阔的天地，我们想象着那里会更加美丽。——G. A. 萨拉

评论：你认为这个类比如何？我们可能需要想想自己的经历，才能判断这个类比是否有用。

案例：与不朽相比，生命则是童年。——歌德

评论：这一类比默认存在上帝和灵魂。如果你接受这一默认，那么类比就成立。若不接受，它就不成立。

案例：你若有常识，便不会要求换一个棋盘，这是无法实现的；而

会拿起眼前的棋盘，下好这盘棋。——温德尔·菲利普斯

评论：这个隐喻想说的是不要试图做不可能实现的事，而是应该面对生命中不可逃避的现实。谁能反驳这个隐喻么？可能没办法，但是对于究竟什么是不可能的、什么是不可逃避的，人们可能会有很多争论。

案例："问题在于，你到底要不要站起来支持自己的国家？"

评论："站起来"是什么意思？为什么不能"躺下来"或"跳起来"支持自己的国家？说话人无疑是要求我们爱国，但是这句话究竟是什么意思？有一种阐释："无论国家对与错"，你都要保卫国家，即便国家正发动一场不义之战。如果拒绝，你就会被贴上不爱国的标签。还有一种阐释：如果战争是正义合理的，你就有义务支持国家；如果不是，则要反对。

案例：战争是野蛮人才干的事。——拿破仑

评论：很遗憾，拿破仑说的不是他的心里话。

案例：鲜血，也唯有德国人民的鲜血，才能决定我们的命运。——阿道夫·希特勒

评论：这是世界上最臭名昭著的诡辩家和煽动者的典型言论：模糊、有威胁性、误导人。我们应该可以这样翻译："只要德国人愿意拼命，德国就能赢得任何一场战争。"或许还可以作另一种阐释："德意志是优等民族，民族特征是决定战争最终胜负的关键因素。"

案例：战争是万恶之源。战争浓缩了人类所有的罪行，它有一个独特的、受诅咒的烙印：在它的旗帜之下聚集了暴力、怨恨、愤怒、欺骗、奸诈、贪婪和欲望。它若只是屠杀人类，作恶倒不算多。它是把人变成食人的野兽。——钱宁

评论：爱国的音乐奏响，军队向战场进发时，很少会有人想到这个隐喻。对于这个隐喻你是否同意呢？

44 种赢取辩论的卑鄙手段

如果你想了解政客、新闻媒体、广告行业、公关专家、政府官员以及各类敌友是如何使用操控之术和花言巧语欺骗你的，那就要深入了解他们的观点！如果有必要，我们得学会使用骗子的肮脏伎俩，让自己比骗子还老练。

首先要切记，凡是挖空心思试图操控你的人，一定是对你有所图：你的钱财、选票、支持、时间或灵魂——总之有所图谋！但是，他们又要让你意识不到他们的目标。他们总有东西（往往很多）可以做掩护。不管什么情况，他们的目标都绝对不是使用合理的证据和有效的推理。他们在每一件事情上都会侮辱你的智商，认为一个操控伎俩就能拿下你，认为你的洞察力不足以识破他们的所作所为。

你的目标则应该是识破他们的谬误，也就是那些想占你便宜的人的伎俩。他们以谬误为手段，谋求影响力、利益和权力，从而控制社会中的羔羊。如果能识破他们的谬误，你就能有效抵挡他们的影响。谬误经常披上正确推理的外衣充斥在日常生活中（它们也是为大众传媒续命的血液），若能发现它们，你就能更好地抵制其影响。一旦对谬误免疫，你对谬误的反应就会发生质变。你的质问能直击要害，戳穿他们的面具、幌子、用心经营的形象、引人瞩目的粉饰和虚华，你会掌管自己的思维和情绪，（逐渐）变成真正的自己。

接下来我们看一看思维中最常使用的谬误。阅读这些伎俩的时候，把自己想象成老师，在教一群不择手段的人学习操控社会羔羊的技艺，把自己想象成谋求影响他人这个"行业"中的一员。你想谋求他们的选票、支持、钱财或任何事物。你在意的某种东西正处于危险之中。你面临他人的反抗。你想"赢取"辩论，获得对他人的影响。而且，（在某种程度上）为了达到目标，你不在乎采取何种手段。你会怎么做？当然是使用本节介绍的赢取辩论的 44 种卑鄙手段中的一种或几种。如果你愿意不择手段，你就能操控心智简单的人。这些卑鄙的手段很管用，即便是对原本滑头至极的人也会有用。你可以观察一下政客（和其他洗脑的人）每天是如何成功使用这些伎俩的。至于负罪感，你也不用担心。你本能地就有自我欺骗的技能，所以应该不会注意到自己在做不道德之事。下面就是赢取辩论的 44 种卑鄙手段，你会从中学到战胜自己良知的方法。

1 号伎俩

反咬对方，以彼之道还施彼身[8]

这种伎俩有时被称为"指出对方的错误"。面对攻击却无法继续辩白时，操控者会扭转局面。他们会把对方指责自己的问题反扣在对方的头上。"你说我不爱你！我倒觉得是你不爱我！"操控者知道这种方法很好用，可以将对方变成辩白的一方。他们还可以加大砝码，指责对方做得比他们更糟糕。"你怎么敢说我不爱干净？你上次是什么时候洗的澡？"

2 号伎俩

指责对方顺坡下滑（从而导致灾难）

所谓滑坡就是暗示如果某人做了甲事，则一定会导致多米诺骨牌效应，最终会带来严重的后果。换言之，甲事并不是很糟糕，但是甲事会导致乙事，乙事又会导致丙事，而丙事非常可怕！设想一个妈妈训斥她十多岁的女儿："没错，亲个嘴可能没什么严重的，可是你别忘了，亲完嘴会干什么，之后又会干什么？你还不知道怎么回事儿呢，就已经怀上孩子了！你这一辈子就被毁了！"顺手使用这一伎俩的操控者回避了一点：很多人在滑坡上都走得小心翼翼，不会滑倒。

3 号伎俩

诉诸权威[9]

大多数人都敬畏有权势、有名气、有地位的人。此外，还有很多神圣的标志（如旗帜、宗教图像、神圣话语等）也会让人感受到强烈的身

8　传统的名称是"Tu Quoque"，字面意思是"你也"。
9　传统的名称是"Argumentum ad Verecundiam"，即来自权威的论点。

份认同和忠诚感。虽然权势、名气和地位与知识或洞察力基本无关，但是人们依然会被这些东西迷了心窍。

能成功操控人的煽动家都明白，这种伎俩能欺骗大多数人。所以，他们拉大旗作虎皮，（竭尽所能）将自己和权势、名气或地位扯上关系，包括找科学家或其他"有学识的"人来"支持"自己的观点。

烟草公司曾经雇佣过一些科学家，这些人愿意出面宣称没有证据可以证明烟草会导致肺癌——虽然他们知道（或者应该知道）其实是有证据的。烟草公司还成立了一个"美国烟草研究所"，据说这个机构的研究人员的目标是寻找抽烟对健康的影响。其实，这些研究人员的目标是在科学权威的掩护下为烟草行业的利益辩护。他们欺骗了几百万人（同时也导致几百万人丧生）。很自然，他们只有先欺骗自己才能如此行事，他们相信自己只是在科学上保持严谨的态度。当然，在这个过程中他们都发了大财（这也让他们的自欺能力更强了）。

4 号伎俩

诉诸经验

娴熟的操控者、骗子和政客常常暗示自己有"经验"护持，虽然他们的经验其实很有限，或者压根儿就没有。他们明白，一旦他们以过来人的姿态说话，别人就更难以否认。当然，他们有时会遇到比自己更有经验的对手。这时，他们就会攻击对手的经验——说那些经验不具代表性，有偏见，很有限，不真实，或者很主观。

5 号伎俩

诉诸恐惧

在内心深处，大多数人都有很多恐惧——恐惧死亡、疾病、失去爱人、失去吸引力、失去青春、失去收入、失去安全、被他人拒绝。没有道德的操控者们都明白，一旦这些恐惧被激发出来，人一般就会作出最原始的反应。因此，他们假装自己有能力帮助人们免受这些威胁（即便他们根本没有这种能力）。不要相信权威人士说的某某群体（或某某人）天生就很危险的鬼话。比如，"记住，这些人正威胁我们的自由、我们的生活方式、我们的家园、我们的财产。"政客常常玩弄这种伎俩，屡屡得逞，大众往往会支持政府的权威，按照政府——即政客——的意愿行事。

6 号伎俩

诉诸怜悯（或同情）

操控者知道如何伪装自己或伪造自己所处的环境，让人们怜悯自己，或者至少获得人们的同情，特别是当他们不愿为自己做过的事负责的时候。

设想一个学生，被发现没做作业，他会哭诉说："你不知道我的生活多么艰难！我有很多活要干，很难完成作业。我不像有的学生那么幸运，我父母没法儿供我上大学，我每星期必须工作 30 个小时，自己养活自己。我下班回家后，室友又在放音乐，一直放到半夜，我根本没法儿学习。我该怎么办？再给我一次机会吧！"

诉诸怜悯还可能被操控者用来为自己认同的人辩护，比如："批评总统之前，我们要知道他做的是全世界最难的工作。他晚上得熬夜，操心我们的生活，要想办法顾及所有人的福祉。这个自由世界的命运（和重担）都落在他一个人的肩上。我们能不能多体谅谅这个可怜的人！"如果总统的某项决策或政策伤害了无辜的人，操控者可以使用这种伎俩转移受害者的注意力。

7 号伎俩

诉诸大众激情 [10]

操控者以及其他那些擅长使用骗局、花招和诡计的人都会设法伪装自己，假装自己和他们的受众拥有一样的观点和价值观，尤其是受众心目中"神圣"的信念。每个人都有偏见，而且多数人都会对某人或某事心存芥蒂。欺骗大师会挑起人的偏见、仇恨和无端的恐惧。他们会暗示

10　传统的名称是"Argumentum ad Populum"，即来自大众的论点。

自己赞同受众的观点，作出和受众观点相同的样子。他们竭力说服受众，让受众相信他们的对手压根儿不尊重他们心中那些神圣的信念。

这种伎俩有很多变体，其中一种被称为"老实人谬误"，操控者会明确说出或暗示以下内容：

> "能回到我的家乡（城市、州或国家的名字），能见到我真正信任的人，感觉真好！这里的人民直面问题，这里的人民用常识做事，这里的人民不相信浅薄的思想和造作的行为。能和这样的人在一起，感觉真好！"

8 号伎俩

诉诸（"经过检验证实"的）传统或信仰

这个策略和前一个紧密相关，但是它强调某事已经经过了时间的检验。人们往往是社会习俗、文化规范以及传统信仰的奴隶。传统的似乎就是正确的。"我们一直以来就是这么做的！"操控者暗示他们拥护受众熟悉、欣然接受的一切，而他们的对手会破坏这些传统和信仰。他们并不在乎这些传统是否会伤害无辜的人（比如民权运动之前迫害黑人的各种残酷习俗和法律）。他们营造出一种假象，即他们的观点是中立的，而他们以"中立"方式获得的观点恰巧和大众的观点吻合。他们知道，对于反对现有社会规范和确立已久的传统的人，大众一般会持怀疑态度。他们知道，大众会无意识地或盲目地拥护社会习俗，所以他们应该避免公开反对这些习俗。

9 号伎俩

摆出正义的姿态

人们深信他们（他们的民族、宗教和动机）是格外纯洁和高尚的。我们有时会把事情搞砸，但是我们的内心永远都是纯洁的。"我们国家的理想最崇高。当然，我们会犯错误，有时会做出荒唐事。但是，我们的初衷永远都是好的。我们和世界上的其他民族不同，我们绝不欺诈。我们的心地是善良的。"国内和国际新闻（当然是面向国内报道的国际新闻）无论怎么写，背后都有这样的大前提。我们可能会捅娄子，但是我们的用意一定是好的。操控者会利用这种有问题的前提，说话写文章时都以此为据。这种姿态背后的谬误就是以假定为依据狡辩，结果就是回避问题的实质。详见"以假定为依据狡辩"。

10 号伎俩

人身攻击（而不攻击观点）[11]

　　如果对手提出合理观点，操控者会忽视这些观点，转而攻击提出观点的人。辱骂（甚至泼脏水）常常奏效（关键就看你如何用它）。欺骗大师知道某群人排斥什么，因此会向人们暗示，他的对手所支持的正是这些可怕的东西。比如，他们会给对手贴上无神论者的标签。再者，他们会说对手支持恐怖主义，包庇犯罪。这种策略常常被称为"井里投毒"。结果就是受众会将他的对手全盘否定——不管这个对手的观点本身是否合理。当然，欺骗大师知道，一定要准确读懂受众，防止人身攻击太过。他明白，自己的攻击越微妙，对受众的操控就越有效。

11 号伎俩

以假定为依据狡辩[12]

　　证明某种观点有一个捷径，就是证明之前就假定它是真的。请看下面这个例子：

　　"好，你想要什么形式的政府？是自由主义的政府，用你辛辛苦苦赚来的钱去做善事；还是商界精英领导的政府，知道如何用好紧张的预算，为人民创造出就业机会？"

　　这段说辞包含如下两种假设，而这两种假设是不应该被默认的：

　　1. 自由主义的政府会乱花钱。

　　2. 商界人士知道如何用好紧张的预算，能够为人民创造就业机会。

11　传统的名称是"Argumentum ad Hominem"，即来自人的论点。

12　传统的名称是"Petitio Principii"，即预期理由。

这种谬误有一种变体，被称为"回避问题的实质"，即使用某些词语表述某事，从而对其进行预先判断。比如，"我们到底是要捍卫自由和民主，还是向恐怖主义和暴政低头？"通过这样提问，我们就回避了不便说的问题，比如："我们现在真的在促进人类的自由么？我们现在真的在传播民主么？（还是只是扩张自己的势力、控制权、主导权以及进入国外市场的机会？）"请仔细观察人们讨论某事时表述所谓"事实"所用的词语，他们常常选用某些词语来预设自己在此事上的立场是正确的。

12 号伎俩

要求尽善尽美（强加一些不可能实现的条件）

对手希望你同意某事，而你发现一旦不同意此事，你就会失去受众的信任。好吧，那就同意此事，但是**必须要满足以下条件**："没错，我们想要民主，但是我们只要**真正的民主**。而真正的民主需要我们如此这般去做，你要是做不到，那一切都免谈。"通过这种伎俩，你可以转移受众的注意力，他们就不会发现其实你根本无意让某事发生。这和 32 号伎俩"一味反对"很像。

13 号伎俩

制造假两难（非黑即白）

真正的两难之境是指我们被迫在两个同样不如意的选项中选一个，而假两难是指对方告诉我们只有两个同样不如意的选项，而实际上我们不止拥有这两个选项。设想下面的说辞："我们要么在打击恐怖主义的战争中失败，要么就必须放弃一些传统的自由和权利。"

人们往往乐于接受假两难，因为大家一般都不喜欢复杂的东西和细微的差别。大家喜欢一边倒的绝对情况，喜欢清楚简单的选项。所以，善于操控之术的人就为他们造出很多假两难（其中一个是操控者希望他们选的，另一个明显是无法接受的）。操控者用非黑即白的形式描述各种争论。比如，"你要么支持我们，要么反对我们。你要么支持民主自由，要么支持恐怖主义和暴政。"他们发现，只有很少一部分人面对假两难的时候会提出意见："但是，我们还有很多其他选项。除了 A 和 Z 这两个极端，我们还有 B、C、D、E、F、G、H、I、J、K……"

14 号伎俩

设计类比（和隐喻）支持你的观点（即便它们有误导性，或者是"错误"的）

类比或隐喻是一种比拟，并不是字面上的意思。设想一下，"你不觉得那些对罪犯手软的法官，现在是时候该把他们打趴下了么？"在这段话中，专色的两个词语都是隐喻性的，在句子中都不是字面意思。很多人对司法体制的知识主要来自"警察抓小偷"的电视剧以及大众传媒中耸人听闻的故事，他们很喜欢这种隐喻。

于是，为了赢得辩论，操控者会使用这种伎俩，把自己伪装成好人，把对手变成坏人："你现在对待我的方式就像以前我父亲对待我的方式！他特别不公正，你也是！"或者"你对待我就像打落水狗，你难道没发现我今天已经非常辛苦了么？"类比和隐喻之所以能奏效，一定程度上取决于受众的偏见和信念。为此，我们需要了解受众的世界观，还有其背后的根本隐喻。比如，如果操控者想影响某个有宗教性世界观的人，使用宗教性的隐喻和类比更有可能奏效。当然，有经验的操控者明白，面对一个正统基督教徒，引用《古兰经》中的隐喻必定是个错误。

15 号伎俩

质疑对手的结论

操控者希望引导受众接受自己的结论，希望受众拒绝对手的结论或阐释。如果操控者记得"non-sequitur"（字面意思是"无法推导"）这个拉丁语词，他就会用这个词质疑对手的结论不合逻辑，从而质疑对手的推理能力。对手提出一个结论后，操控者可以说：

"稍等一下。**这个无法推导！**你的前提推导不出你的结论。你刚刚说了 X，现在又说 Y。你如何从 X 推导到 Y？你如何解释两者之间的差距？你说的话不合逻辑。你只证明了 X，没有证明 Y。"

借助这个策略，操控者可以使对手所有合理的观点都变得模糊。同时，他自己则营造出一副符合逻辑、头脑冷静的模样。

16 号伎俩

故布疑云：无风不起浪

操控者知道，只要把某个严重的罪名扣在某人头上，人们就会怀疑这个罪名一定有些真实成分，被扣罪名的人跳进黄河也洗不清。挥之不去的疑云最终会毁掉这个人在公众心目中的光辉形象。谣言自身就会生长。因此，这也就成了赢得辩论的 44 种卑鄙手段中最卑鄙的手段之一。

在麦卡锡时代[13]，很多人的家庭、友谊和事业都被毁掉，原因就在于谣言的威力，还有"无风不起浪"的思想。参议员麦卡锡和他的"非美调查委员会"把一些人拉到一个公共法庭上，要求他们与委员会合作，供出有左翼观点的人员名单，否则就是不爱国。一旦这种要求被拒绝，一大批电视观众就会得出结论：这些"不配合的"公民是共产主义者，因此就是"非美国人"。选择挑战"非美调查委员会"的大多数人都失去了工作，家庭受到社会排斥，孩子在学校被嘲笑欺辱。大多数人在自己所处的行业遭到排斥，无法再找到工作。

当然，这种任意乱扣罪名的行为常常都以私人谈话的形式暗地里进行。一旦谣言放出来，就可以坐看好戏了。人们都喜欢散布谣言："当然，我也不相信，可是你知道么，有人说杰克打老婆和孩子！真恶心，是吧？"

若是政府官员使用这种伎俩，一般被称为散布"假消息"（政府知道公众会相信的假罪名）。比如，A 国散布关于 B 国"暴行"（事实上并无暴行）的谣言，就可以使 A 国侵略攻击 B 国的行动变得合理。希特勒非常擅长使用这种伎俩。美国政府也常常散布假消息——比如论证应当派遣海军进攻中南美洲的国家，颠覆一届政府，再扶持一届更"友好"的政府。当然，几年之后这些谣言就会被识破，但是这对谣言的编造者来

---

13 译者注：指 1950 至 1954 年间，美国国内恶意诽谤和迫害疑似共产党员和民主进步人士，代表人物是参议员、极端反共主义者约瑟夫·雷蒙德·麦卡锡（Joseph Raymond McCarthy），因此称麦卡锡主义或麦卡锡时代。

说已经无关紧要了。假消息常常奏效，谣言的识破往往都来得太晚，已经回天无力。多年后，人们好像已经不在乎了。

大多数人的思维方式都是极其简单的，因此操控者和政客要想让大众抵制某人，只需要提一些这个人的不当言行，或者此人违反社会规范的事，往往就会产生预期效果。比如，"凯文已经承认吸食大麻了。这足以说明他是个什么样的人！"又比如，"你看看那个小姑娘，穿着又短又紧的上衣，大家一定知道她想干什么吧！"

17 号伎俩

造"稻草人"

操控者知道抹黑对手的重要性。无论对手的观点是什么，老练的欺骗大师都会让受众认为对手所持的是另一种观点，一种不可信的观点。这种伎俩是为了自己的私利而歪曲他人的观点，有时被称为造"稻草人"。所谓"稻草人"，就不是真人，即使它看上去像真人。所以，稻草人论点就是以错误的或有误导的方式再现他人的推理。

假如某人想改革现有司法体制（目的是减少无辜者蒙冤入狱的情况），他的对手可以用稻草人伎俩歪曲他的观点："我猜你一定是想放掉所有的罪犯，让我们面临比现在更多的危险！"但并没有人这样说过，也没有人想要这样做，所以他反驳的对象其实是个"稻草人"。曲解他人的立场，再歪曲成人们反对的那样，此人成功使用了"稻草人"伎俩。当然，除了曲解对手的论点，他还可以声称对手曲解了他的论点。这时，欺骗大师就可以声称对手在攻击"稻草人"。无论是哪种情况，操控者的目标都是确保他的推理得到最好的呈现，而对手的推理得到最糟的呈现。操控者是在丑化对手，同时美化自己。

设想一个环保人士提出如下论点：

> "为了减少我们对地球的污染，每个人都应该尽自己的一份力量。比如，汽车行业应该寻找替代能源，更清洁的能源。我们需要摆脱汽油作为汽车主要燃料的局面，否则地球必然会继续遭受污染。"

为了破坏受众对这位环保人士的信任，操控者可能会这样曲解他的观点：

> "我的对手其实是在宣扬所谓的大政府 [14]。他想要夺走大家自由选择的权利，想让官僚体制更多地控制我们的生活。千万不能让他得逞！"

18 号伎俩

否认或捍卫矛盾

操控者知道，一个人一旦前后矛盾就会形象不佳，比如说一套做一套，有时支持某事有时又反对某事。一旦被发现有自我矛盾，操控者面临着两个选择：一是否认，坚持根本没有什么矛盾（"我真的没说过那种话！"）；二是承认矛盾并捍卫它，证明它是合理的改变（"世界永远在变，我们也必须随之改变"）。其实，人类生活的社会充满着矛盾和不一致。最正直的人是勇于承认矛盾和不一致的，而且会尽量减少矛盾。操控者则会竭力掩盖。

19 号伎俩

妖魔化对方，神圣化自己

大多数人都不是世故的。要操控他们接受你的观点，你只需要有计划地使用"褒义"词来描述你的观点，同时有计划地用"贬义"词来描述对手的观点。你相信的是民主、自由、稳定、合作、公正、强大、和平、防卫、安全、文明、人权、主权、改革、开放、保护无辜、荣誉、上帝的安抚、常态、荣耀、独立、愿景、面对困难等等等等，而你的对手相信的则是暴政、压迫、冲突、恐怖主义、侵略、暴力、镇压、野蛮、狂热盲从、散布混乱、攻击无辜、极端主义、专制独裁、阴谋、狡诈、残酷和破坏。

---

14 译者注：大政府指对各种社会事务都干预的政府，也指高压统治。

这一伎俩有一种变体，即美化你的动机，把你的理由说成是"正义的"："我不是为了利益或贪欲，我不想增加自己的权力或影响，我不想控制或主导他人。绝对不想！我只想传播自由的理念，分享美好的生活，让民主为更多人带来福祉（等等等等）。"你掩藏起自己真正的动机（一般都是自私的，考虑的是金钱和权力），高调宣扬那些听起来美好的动机，为自己塑造一副高尚的模样。这种伎俩有时被称为"寻找好理由"，对高尚的原则做足表面文章（口头坚决拥护，实际毫不在意）。

20 号伎俩

巧妙回避问题

当受众即将提问时，欺骗大师会预测受众可能问的难题，准备好如何娴熟优雅地回避这些问题。回避难题的方式之一是用笑话来转移问题的方向。另一种方式是提供一个不言而喻但空洞无物的答案（比如"军队还要在 X 国驻扎多久？"的答案是"直到不需要驻扎的时候，绝对不延迟一天。"）。第三种方式是给出一个冗长繁琐的答案，通过答案的长度从（较难的）甲问题转移到（较容易的）乙问题。如果直接回答问题会使操控者面临困境或被迫接受不愿面对的责任，他们就不直接回答，而是使用含糊、笑话、转移和老生常谈等方式达到目的。

21 号伎俩

恭维受众

"真高兴，今天演讲的受众都具有常识，对社会问题都有真正的见解。""像你们这么睿智的人是不会被蒙骗的。"人们都是愿意接受恭维的。但是，恭维者有时候要小心，否则受众就会怀疑你在操控他们。大多数政客都深谙恭维之术。他们的目标是赢得受众的信任。他们希望受众降低戒心，尽可能不要批判性地思考他们的话。

22 号伎俩

顾左右而言他

操控者常常隐藏在语言背后，拒绝明确表态或提供直接的答案。如此一来，一旦有需要他们就可以全身而退。如果被发现遗漏了重要的信息，他们就可以编出借口，解释为什么一开始没有直接明了地说出。或者，如果被追问得太紧，他们就会修正自己的立场，这样别人就无法证明他们的错误。换言之，面对压力，他们会顾左右而言他。要想做个成功的操控者，你必须先学会含糊其词、逃避责任。你要逃避自己的错误，掩盖自己的过失，说话时时刻刻注意保护自己。

23 号伎俩

忽视证据 [15]

有的证据会迫使操控者改变立场，为了逃避这些证据，操控者往往会忽视证据。一般而言，他们忽视证据是为了让自己不去想这些证据，因为这些证据会威胁他们的信念体系或既得利益。设想一个思想保守的基督徒发出疑问：无神论者（在没有《圣经》指引的情况下）能过一种有道德的生活么？如果他遇到过着奉献自己、怜悯他人生活的无神论者，他的思想认识会动摇。他很可能会找一种方法把这个问题抛诸脑后，不去想这些证据背后的启示。

24 号伎俩

忽视要点 [16]

操控者知道，如果自己在某个问题上赢不了，就要把受众的注意力转移开来，转到另一个点上（一个和最初的议题不相关的问题）。善于此道的人知道怎么做才能让受众注意不到其中的转移。

15　传统的名称是"Apiorism"，即无法破解的无知。
16　传统的名称是"Ignoratio elenchu"，即不相关的结论。

25 号伎俩

攻击（对自己不利的）证据

如果证据无法支持操控者的观点，但是他又无法回避，他往往会攻击这个证据。比如（在发动对伊拉克的战争之前）美国政府拒绝接受伊拉克没有大规模杀伤性武器的事实。他们并没有切实的证据证明伊拉克持有那些武器，于是就试图通过大胆的想象捏造证据。没有任何证据能让政府承认自己的错误（因为他们不愿意去想这可能是错的）。他们还可以用双重标准的谬误来掩盖自己的逃避。

26 号伎俩

揪住次要问题不放

操控者知道（如果自己在辩论中似乎快输了），有一个好方法可以转移大多数人的注意力：揪住某个次要问题不放。因为大多数人的思维都是流于表面的，很少有人会注意到讨论的是个次要问题，他们若对次要问题有感情则更不易发现其中的转移。

因此，当媒体集中报道次要问题（当成主要问题来报道）时，人们往往会忽视主要问题。媒体很少报道世界上的营养不良和饥饿问题，除非是在某些特殊时刻（如干旱期间或飓风过后）。与此同时，媒体却大肆报道某个国家拒绝执行美国政府的意愿，把它当成大事报道（就好像美国政府有权将自己的意愿强加在别国政府之上似的）。

27 号伎俩

使用世界残酷论（为不道德行为开脱）

我们常常说，即使目的高尚，也不能不择手段，但是我们真的相信这一点么？参与不道德的行为（如暗杀、强制拘留、刑讯拷问）时，政府发言人常常使用"这是个残酷的世界"来作辩护。

个人或政府一旦获得巨大的权力，很快就会相信自己应该能够为所欲为。他们让自己相信，自己的目的是高尚正义的，他们在这个世界上做的不正当的事都是被迫的，因为邪恶的人不支持他们高尚的价值观。

于是，操控者会坚称自己是被迫使用这些他们也不想用的手段，但是这是个残酷的世界啊！就这样，他们赢了很多辩论。

比如，"我们不希望发生战争，但是我们不得不参战。""我们不希望出现失业，但是自由市场需要失业。""如果我们把资源提供给那些不劳而获的人，他们就会变得懒惰，我们最终就会变成一个极权主义政府。""我们不希望中央情报局执行暗杀，进行刑讯，散布假消息，或者使用任何其他肮脏的手段，但是很不幸，我们不得不使用这些策略，只有这样才能捍卫这个世界的自由和民主。"

28 号伎俩

进行（一边倒的）冠冕堂皇的概括

只要能支持自己的观点，只要受众能接受，操控者、行骗高手、欺骗大师和政客就会使用任何一种概括，绝不在意是否有足够的证据支撑这些概括。他们会得出大众乐于接受的积极概括，比如关于"我们"或"他们"爱国、爱家、爱自由经营的概括。切记，他们的概括都是精心挑选的，恰好符合受众的思维。当然，这些操控者会使概括保持模糊，保证必要的时候可以全身而退。

29 号伎俩

无限放大对手立场的前后矛盾

即使是最出色的人也会有前后矛盾的时候，任何一个人都可能会有言行不一致的时候，会有使用双重标准的时候。操控者会抓住对手论点中的任何一个前后矛盾加以发挥。他们会快速给对手扣上虚伪的帽子，而实际上他们自己才是真正的虚伪，各种明目张胆的虚伪，但他们丝毫不在意自己的虚伪。

30 号伎俩

让对手显得荒唐（"迷失在大笑中"）

　　操控者会利用各种方式让对手或者其观点如笑话般荒唐（和可笑）。人们都喜欢开怀大笑，尤其是喜欢嘲笑可能会威胁到自己的观点。好笑话总是深受欢迎，因为它可以卸下受众的责任，使他们不再需要认真思考让他们不安的事情。操控者会观察受众，确保他们的笑话不会在受众眼中变成酸葡萄。

31 号伎俩

过度简化问题

　　大多数人都不喜欢认真思考有深度或微妙的问题，因此操控者会以对自己有利的方式过度简化问题。"我不在乎什么数据显示罪犯遭到所谓的'虐待'，真正的问题在于我们要不要严厉打击犯罪。你应该同情罪行的受害者，而不是罪犯。"这里忽视了一个事实：虐待罪犯本身就是一种犯罪。很不幸的是，有些人有特定的（过度简单的）思维模式，他们不会在乎伤害罪犯的那些犯罪行为。（他们会暗自思量）反正这个世界不是好人就是坏人，好人有时候不得不对坏人做一些坏事。他们认为，坏人就活该被虐待。他们过度简化这个问题，于是就不需要再考虑我们对待罪犯的方式是否有错。

32 号伎俩

一味反对

　　你的对手给出了很好的理由，你明白自己应该接受这个观点，但是你已经下定决心，绝不会改变立场（当然你不愿意承认自己思想封闭）。老练的操控者会以一个接一个的反对意见进行反驳。对手回应了一个反对意见之后，他们会再抛出另一个反对意见。操控者内心的想法就是"不管对手说什么（给我提供什么理由），我都会不停地反对（反正不管说什么我都不会接受他的观点）"。

33 号伎俩

（按自己的意愿）改写历史

最邪恶的行为和暴行也可能消失在历史的记录中（或者被轻描淡写），而幻想和谎言却可能被打造成不可质疑的事实。我们所谓的"爱国历史"中就常常有这种情形。凭着爱国的借口，歪曲历史的写作也变得正当，指责一些人态度消极也往往成为他们文过饰非的理由（"你总是揪住我们的过错不放！你为什么不看看我们的功绩？"）。事实在于，人类的记忆总是不停地运转，重新描述过去发生的事情，美化自己，丑化他人。编写历史常常也是这种套路，学校教材的编写尤其如此。所以，讲述过去的故事时，只要操控者觉得自己不会被识破，他们就会随心所欲地歪曲历史。当然，老练的操控者随时都会准备好借口（为自己开脱）。

34 号伎俩

谋求既得利益

操控者会攻击对手的动机，但是坚称自己的动机是纯洁的。通过表达崇高的理想（自由、民主、正义、美国价值观，其实他根本不在乎这些），来掩盖自己真正的动机（即符合他的既得利益的事）。操控者谋求个人利益而被对手识破时，他要么否认对手的指控（一般会义愤填膺），要么予以反击，声称所有人都有权保护自己的利益。如果再被追问，他可能会使用"你也是这么做的"这种理由来辩护。

35 号伎俩

转移阵地

操控者感觉自己在辩论中快败下阵来的时候，他不会让步，而是会把阵地转移到另一问题上！有时，他会在同一个词的不同意思之间反反复复。比如，若你说某人没有受过良好的教育，从她没有见识、所知甚少的样子就可以看出来。这时操控者就会转移阵地，给出这种说辞："她当然受过教育！你看她上了多少年的学啊！如果这都不算受教育，那我真不知道怎样才算！"

36 号伎俩

转移举证责任

举证责任指的是争议中的某一方负责证明自己的观点。比如,在刑事法庭上,原告负责证明被告有罪,且要合理无疑;被告则没有责任证明自己无罪。操控者绝不想承担证明自己观点的责任,因此会施以伎俩,将取证的责任转移到对手身上。"先等一等,我证明为何进攻伊拉克合理之前,你要先证明这件事为何不合理。"其实,在侵略别国之前,任何一国都必须有足够的证据证明此举的合理性。没有任何一国有责任证明自己不应该被侵略;根据国际法,取证的责任在另一方,即发起暴力攻击的一方。

假如某操控者质疑你的爱国心,你若问他有何证据证明你不爱国,他就会试图转移取证的责任:"等一下,你做了什么事来证明你对国家的忠诚?你不是反对自由经营么?你没有抗议过越南战争么?"所有这些都是错谬,都在试图转移取证的责任。

37 号伎俩

欺骗、欺骗、欺骗

《华尔街日报》(2004 年 5 月 7 日)的一篇社论曾谈到"欺骗游戏"对媒体的重要性,作者丹尼尔·亨尼格尔说:"我们所处的是个欺骗的世界,媒体世界也不例外。大多数人都不再期望得到未经粉饰的事实,只是选择接受一个看上去还不错的骗局。""大多数"人究竟能否识破媒体对欺骗的依赖是令人怀疑的,因为他们已经习惯了被媒体的力量控制。但是,老练的操控者(欺骗大师)绝不会低估欺骗在操控"新闻"消费者上的威力。操控者总是持续编织骗局,掩盖他所反对的观点,同时以积极的形式呈现自己的观点(即他希望受众接受的观点)。

作为有批判精神的消费者,我们必须清楚,欺骗和片面报道在媒体中无处不在,这样我们才能把相互对立的骗局放到一起,并来独立判断究竟哪些事实更重要,哪些解读更合理。作为有批判精神的消费者,我们应该知道,媒体会让新闻报道中的骗局与他们"服务"的受众的偏见保持一致。我们必须思考，可以从哪些不同的角度看待新闻媒体报道的问题，可以从哪些不同的角度思考它呈现了什么，其意义何在，以及如何呈现。

38 号伎俩

含糊其词，泛泛而谈

一旦无法确定某人真正的意思，就无法证明他的错误。所以，操控者不会谈论具体问题，而是使用最含糊的语言，只要不被识破。这种谬误很受政客的欢迎。比如，"忘了那些没骨气的自由派说的话吧。是时候强硬起来了：要对罪犯强硬，对恐怖分子强硬，对蔑视我们国家的人强硬。"为防止人们质疑他们的行为，他们会尽量不谈细节（比如，你们究竟要对哪些人强硬？对他们"强硬"时你们究竟打算采取何种措施？能刑讯么？能羞辱么？能在未经审判的情况下无限期监禁么？能把他们连续几天关进没有厕所的小屋子么？能暗杀么？）。

如果有人使用这种伎俩糊弄你，你就让他们给出具体的例子，说出明确的意思。让他们提供关键词的定义。然后坚持让他们解释如何在具体情形下应用这些定义。换言之，不能让他们含糊其词，泛泛而谈。

39 号伎俩

双标用词

面对现实吧！我们指责对手的行为，其实自己也常常如此行事。当然，我们肯定不愿意承认，因为那将对我们不利。双标用词是一种强有力的攻击或防守形式。通过双标用词（有时也称双言巧语），我们用褒义词描述自己的行为，却用贬义词描述对手同样的行为。

比如，在二战之前，美国政府将发动战争的部门称为"作战部"，在二战后却将其改称为"国防部"。之所以作这种改变，是因为政府不愿意承认自己主动发动战争。相反，政府希望操控人们的思维，让人相信美国政府只是保卫国家，抵抗主动挑衅的他国。简言之，在政治上"国防"一词比"作战"更受欢迎。

与我们有冲突的某国公民向我方泄露敌方的机密信息，我们会称其"勇敢""英勇"。相反，若我国公民将我方机密泄露给这个敌方，我们就会谴责此人为"叛徒"。[17] 我们是智慧的，对方是狡诈的。我们支持的是自由的战士，对方支持的是恐怖分子。我们建立的是收容中心，对方建立的是集中营。我们战略性地撤退，对方则是败退。我们虔诚，对方狂热。我们坚毅，对方顽固。

我们可以找出成千上万对词，一个描述我们的好，另一个描述对方的坏。但是，大多数人都不善于识别双言巧语。

40 号伎俩

撒大谎

大多数人都会在小事上撒谎，但是不敢在大事上撒谎。但是操控者知道，只要坚持一个谎言足够久，很多人就会相信——你若有大众传媒资源来宣传这个谎言，那就更容易了。

所有老练的操控者都会关注能让人们相信什么，而不是什么是真什么是假。他们明白，人的思维天生是不会寻求真相的，它只会寻求舒适、安全、个人肯定和既得利益。

其实，人们往往不想知道真相，特别是有些真相会让人痛苦，会暴露人的矛盾和不一致，会揭露出人们不想知道的事，这些事情或关乎自己或关乎国家。

很多操控者都很善于撒"大"谎，还会让谎言显得像真的。比如，我们若研究一下中央情报局的历史，就会发现无数不道德的行为都曾被谎言掩饰（随便挑一期《秘密行动季刊》，就能发现中央情报局在世界各地所作的恶行和伎俩）。其实，这些不义之事发生时，官方曾全部予以否认。

---

17 我方的无辜者被杀害（这些人甚至没有意识到自己身处险境），他们会被称为"英雄"。敌对方的人主动为自己的信仰献出生命，我们将其称为"懦夫"或"狂热分子"。当然，我们绝不会将我方的某个人称为"狂热分子"。

41 号伎俩

把抽象词语和符号当作真实的事物[18]

操控者知道，大多数人在语言上都不够精通，都不会反思我们使用语言的方式与外部世界的具体事物之间的关系。人们不会有意地将语言从具体事件中剥离开来，也不会综合考虑各种说法，以便认清世上正在发生的事情。大多数人认为自己看待世界的视角准确反映了世界上发生的事情，即便这种视角被高度扭曲。在他们的思维中，抽象概念不是抽象的，而是现实。试分析以下例子：

- 自由支撑着我们。
- 民主在召唤。
- 正义坚决要求我们……
- 旗帜在前进。
- 科学表明……

请注意，在所有这些例子中，都有一个抽象概念被赋予了生命，和一个行为动词并用。比如，旗帜如何能前进？是不可能的。但是，这种华丽的用语虽然有高度的误导性，却很容易影响人的思想。

42 号伎俩

抛一两个烟雾弹

通过这种伎俩，操控者将注意力从相关问题上转移开来，集中讨论一个不相关（但是煽情）的话题。试想一个操控者无法反驳对手的推理，他就不会再费心去反驳，而是会抛出一个煽情的话题，将受众的注意力从对手的推理上转移开来。试看下面这个例子：操控者的对手说世界各大海洋正快速消亡，人类活动是主要原因，其中工业废品的原因尤为突出。操控者没有反驳对手的观点，而是抛出一个"烟雾弹"。他说："我们真正需要关心的是现在政府对工业的管控，还有官僚管控继续加强会带来的失业问题。我们需要一个人人有工作、孩子有机会成长成才的国

---

18 传统的名称是"Reification"，即拟物。

家!"但是这个反驳和海洋消亡有什么关系呢？没有关系！这就是操控者抛出来回避问题的烟雾弹。

43 号伎俩

甩一组数据

　　人们容易被数字打动，特别是确切的数字。所以一旦有机会，操控者就会引用对自己有利的数据，即便数据来源值得怀疑。这种方法一般都会打动受众。对了，你知道么，读这本指南的学生中有 78% 在两个学期内平均学分提高了 1.33 个百分点！你们学校提高的幅度可能更大！

44 号伎俩

使用双重标准（不放过一切机会）

　　大多数人都会使用双重标准，对自己是一套标准，对别人是另一套。我们绝不允许他人发展核武器（除了我国和我国的盟友）。我们谴责侵略（除非我们是侵略者）。我们绝不容忍敌人使用刑讯或侵犯人权（虽然，唉，有时候我们迫不得已这么做）。

44 种赢取辩论的卑鄙手段（列表）

- 反咬对方，以彼之道还施彼身
- 指责对方顺坡下滑（从而导致灾难）
- 诉诸权威
- 诉诸经验
- 诉诸恐惧
- 诉诸怜悯（或同情）
- 诉诸大众激情
- 诉诸（"经过检验证实"的）传统或信仰
- 摆出正义的姿态
- 人身攻击（而不攻击观点）
- 以假定为依据狡辩
- 要求尽善尽美（强加一些不可能实现的条件）
- 制造假两难（非黑即白）
- 设计类比（和隐喻）支持你的观点（即便它们有误导性，或者是"错误"的）
- 质疑对手的结论
- 故布疑云：无风不起浪
- 造"稻草人"
- 否认或捍卫矛盾
- 妖魔化对方，神圣化自己
- 巧妙回避问题
- 恭维受众
- 顾左右而言他
- 忽视证据
- 忽视要点
- 攻击（对自己不利的）证据
- 揪住次要问题不放
- 使用世界残酷论（为不道德行为开脱）

- 进行（一边倒的）冠冕堂皇的概括
- 无限放大对手立场的前后矛盾
- 让对手显得荒唐（"迷失在大笑中"）
- 过度简化问题
- 一味反对
- （按自己的意愿）改写历史
- 谋求既得利益
- 转移阵地
- 转移举证责任
- 欺骗、欺骗、欺骗
- 含糊其词，泛泛而谈
- 双标用词
- 撒大谎
- 把抽象词语和符号当作真实的事物
- 抛一两个烟雾弹
- 甩一组数据
- 使用双重标准（不放过一切机会）

识别谬误：分析总统演讲

接下来我们阅读小布什总统 2004 年 4 月 13 日以《未竟的事业将由我们完成》为题，就伊拉克战争的状况所作的演讲。请找出这篇演讲中的所有谬误。

以下是《纽约时报》于 2004 年 4 月 14 日刊登的小布什总统在一场新闻发布会上的开场致辞。这次致辞的标题是《未竟的事业将由我们完成》。

谢谢各位！晚上好！在大家提问之前，请允许我就伊拉克的局势对美国人民讲几句话。最近几周我们在伊拉克的情况不容乐观。联军在伊拉克某些区域遭遇了严重的暴力抵抗。我们的军事指挥官报告说，这些暴力抵抗主要是由三股势力煽动的。萨达姆·侯赛因政权的残余势力和伊斯兰武装分子在费卢杰攻击了联军，来自其他国家的恐怖分子潜入伊拉克，煽动并组织暴力袭击。

在伊拉克南部，在一个名为萨德尔的激进派牧师煽动下，联军同样面对暴动和袭击。他纠集了一批支持者，组成一个非法民兵组织，公开支持"恐怖组织"哈马斯和真主党。萨德尔的暴力和恐吓措施受到伊拉克其他什叶派信徒的广泛谴责。伊拉克当局指控他谋杀了一名重要的什叶派牧师。虽然这些煽动暴力的行动来自不同派别，但是它们有着共同的目标，那就是将我们赶出伊拉克，毁掉伊拉克人民的民主希望。

我们面对的暴力是这些极端分子和残忍暴徒攫取权力的行径。这不是内战，也不是起义。伊拉克大部地区仍然相对稳定，大多数伊拉克人截至目前都是反对暴力、反对独裁的。伊拉克人在论坛上讨论他们的政治未来，伊拉克管理委员会也在召开会议；在所有这些场合，伊拉克人都表达了明确的诉求。他们希望个人权利得到强有力的保护，他们希望获得独立，获得自由。

美国致力于伊拉克的自由，这和我们的理想一致，也符合我们的利益。伊拉克要么将成为一个和平民主的国家，要么将再次成为暴力的源头、恐怖主义的避难所和对美国及全世界的威胁。

在伊拉克服役的美国人致力于帮助建立一个自由的伊拉克，同时也在保护自己的同胞。我们的国家对他们表示感谢，对他们面对艰难和长期分离的家人表示感谢。上周末在胡德堡 [19] 医院，我非常荣幸地向一些伤员颁发了紫心勋章，并有幸代表全体美国人民向他们致谢。还有很多人付出了更大的代价。我们一直记得那些献出生命的人，我们祈祷上帝会安抚他们家人的伤痛。我曾对失去亲人的家属说过：未竟的事业将由我们完成。

美国的军人正在出色地执行任务，他们的素质和荣耀符合我们的期望。我们时刻关注他们的需求。军队现在和未来的兵力都是由地面局势决定的。如果需要增援部队，我会派遣。如果需要增加补给，我们会提供。

美国人民团结在英勇的军人身后。本届政府会不遗余力地帮助他们成功完成这个历史使命。这个使命的中心诉求就是将主权重新交还伊拉克人民。我们已经将截止日期定为 6 月 30 日。我们必须在这个日期之前完成任务。作为一个自豪而独立的民族，伊拉克人民不会支持无限期的占领，美国人民也不会。我们不是帝国，这

赢取辩论的 44 种卑鄙手段

- 反咬对方，以彼之道还施彼身
- 指责对方顺坡下滑（从而导致灾难）
- 诉诸权威
- 诉诸经验
- 诉诸恐惧
- 诉诸怜悯（或同情）
- 诉诸大众激情
- 诉诸（"经过检验证实"的）传统或信仰
- 摆出正义的姿态
- 人身攻击（而不攻击观点）
- 以假定为依据狡辩
- 要求尽善尽美（强加一些不可能实现的条件）
- 制造假两难（非黑即白）
- 设计类比（和隐喻）支持你的观点（即便它们有误导性，或者是"错误"的）
- 质疑对手的结论
- 故布疑云：无风不起浪
- 造"稻草人"
- 否认或捍卫矛盾
- 妖魔化对方，神圣化自己
- 巧妙回避问题
- 恭维受众
- 顾左右而言他
- 忽视证据
- 忽视要点
- 攻击（对自己不利的）证据
- 揪住次要问题不放
- 使用世界残酷论（为不道德行为开脱）
- 进行（一边倒的）冠冕堂皇的概括
- 无限放大对手立场的前后矛盾
- 让对手显得荒唐（"迷失在大笑中"）
- 过度简化问题

19　译者注：胡德堡是位于得克萨斯州的美国陆军基地。

- 一味反对
- （按自己的意愿）改写历史
- 谋求既得利益
- 转移阵地
- 转移举证责任
- 欺骗、欺骗、欺骗
- 含糊其词，泛泛而谈
- 双标用词
- 撒大谎
- 把抽象词语和符号当作真实的事物
- 抛一两个烟雾弹
- 甩一组数据
- 使用双重标准（不放过一切机会）

一点日本和德国可以证明。我们是解放者，这一点欧洲和亚洲的国家可以证明。

美国在伊拉克的目标是有限的，也是坚定的。我们谋求建立一个独立、自由、安全的伊拉克。如果联军违背6月30日的承诺，很多伊拉克人会质疑我们的意图，会觉得自己的期望被辜负了。那些在伊拉克兜售憎恨和阴谋论的人就会吸引到更多受众，获得更多支持。我们不会违背自己的承诺。6月30日，伊拉克的主权将会回到伊拉克人手上。主权并不单指一个日期和一个仪式，它需要伊拉克人为自己的未来承担起责任。

目前，伊拉克当局正在面对过去几周的安全挑战。在费卢杰，联军已经暂停了攻击行动，让伊拉克管理委员会成员和当地领导人致力于恢复当地的中央权威。这些领导人正在和叛乱分子沟通，确保费卢杰能够有序移交给伊拉克部队，避免不得已再次使用军事行动。此外，他们还坚持要求将致残并杀害四名美国承包商的肇事者移交接受审判和惩处。

此外，管理委员会成员正谋求解决南部的局势。萨德尔必须对指控作出回应，并解散他的非法武装。

在负责的伊拉克领导人于本国逐渐建立权威的过程中，我们的联军一直与他们站在一起。主权移交要求我们必须展示出对伊拉克的信心。我们有这种信心！很多伊拉克领导人正展示出非凡的个人勇气，他们的表率作用将激发其他人也具有同样的品质。

主权移交需要一个安全的氛围。我们的联军正努力提供这种安全。我们将继续尽最大的努力，使无辜平民免受伤害。但是，我们也不会允许混乱和暴力扩散。我已经指示我们的军事指挥官作好一切准备，一旦需要维持秩序并保护我们的军队，就使用决定性的武力。

伊拉克正逐渐走向自治。在未来的几个月里，伊拉克人民和美国人民就会看到我所言不虚。6 月 30 日，当自由伊拉克的旗帜高高升起，伊拉克官员将承担起政府各个部委的职责。那一天，过渡行政法将正式生效，其中包括一份阿拉伯世界里从未有过的权利法案。美国和联军的所有国家都将与伊拉克政府建立正常的外交关系，美国将开设大使馆，并派驻大使。

根据管理委员会已经批准的时间表，伊拉克最迟将在明年一月份举行国民大会选举。国民大会将起草新的永久宪法，并在明年 10 月份召开的全民公投中呈现给伊拉克人民。伊拉克人民将在 2005 年 12 月 15 日之前选举出一个永久政府，这将标志着伊拉克正式完成了从独裁向自由的过渡。

其他国家和国际组织正承担起协助建立自由安全伊拉克的责任。我们正与联合国特使拉赫达尔·卜拉希米以及伊拉克人民保持紧密协作，确定 6 月 30 日接收主权的政府的具体形式。卡丽娜·皮雷利领导的联合国选举协助小组正在伊拉克制定明年一月的选举计划。北约组织正为波兰领导的多国部队在伊拉克提供支持。北约组织 26 个成员国中有 17 个正在为维持安全贡献力量。国务卿鲍威尔和国防部长拉姆斯菲尔德以及多名北约组织成员国的国防和外交部长正探索北约可扮演的正式角色，如将波兰领导的多国部队改为北约领导的机构，赋予北约控制边境的具体责任。

伊拉克的邻国也有责任维护该地区的稳定。因此，我正派副国务卿阿米蒂奇访问中东，与伊拉克邻国讨论我们对自由独立伊拉克的共同看法，探讨这些国家如何帮助实现这一目标。

我们一直明确表示，我们对伊拉克成功和安全的承诺并不会在 6 月 30 日之后结束。7 月 1 日当天及之后，我们仍将继续支持伊拉克的重建，也将继续履行我们的军事义务。帮助伊拉克建立新的政府之后，联军还将帮助伊拉克保护该政府，免受外部入侵和内部颠覆。

伊拉克自由政府的成功在很多方面有至关重要的意义。一个自由的伊拉克是至关重要的，因为 2,500 万伊拉克人民有权利像我们一样自由地生活。一个自由的伊拉克将为整个中东的改革者树立标杆。一个自由

赢取辩论的 44 种卑鄙手段

- 反咬对方，以彼之道还施彼身
- 指责对方顺坡下滑（从而导致灾难）
- 诉诸权威
- 诉诸经验
- 诉诸恐惧
- 诉诸怜悯（或同情）
- 诉诸大众激情
- 诉诸（"经过检验证实"的）传统或信仰
- 摆出正义的姿态
- 人身攻击（而不攻击观点）
- 以假定为依据狡辩
- 要求尽善尽美（强加一些不可能实现的条件）
- 制造假两难（非黑即白）
- 设计类比（和隐喻）支持你的观点（即便它们有误导性，或者是"错误"的）
- 质疑对手的结论
- 故布疑云：无风不起浪
- 造"稻草人"
- 否认或捍卫矛盾
- 妖魔化对方，神圣化自己
- 巧妙回避问题
- 恭维受众
- 顾左右而言他
- 忽视证据
- 忽视要点
- 攻击（对自己不利的）证据
- 揪住次要问题不放
- 使用世界残酷论（为不道德行为开脱）
- 进行（一边倒的）冠冕堂皇的概括
- 无限放大对手立场的前后矛盾
- 让对手显得荒唐（"迷失在大笑中"）
- 过度简化问题
- 一味反对
- （按自己的意愿）改写历史

的伊拉克将向世界证明，美国与期待和平生活的穆斯林站在一起，这一点我们已经在科威特、科索沃、波斯尼亚和阿富汗展示过了。一个自由的伊拉克将向密切关注我们的世界证明，美国一旦作出承诺，即便在最艰难的时刻也值得信赖。

总之，在伊拉克战胜暴力和恐怖主义对战胜其他地区的暴力和恐怖主义具有至关重要的意义，因此对美国人民的安全也有至关重要的意义。现在时间已经到了，文明世界的敌人正在伊拉克挑战文明世界的意志力。我们决不能退缩。我们在伊拉克看到的暴力为我们所熟悉。在巴格达绑架人质或投放街头炸弹的恐怖分子，在马德里的火车上杀害无辜平民的杀人犯，在耶路撒冷的公交车上残害儿童的刽子手，在巴厘岛的俱乐部投放炸弹的恐怖分子，以及因为仇恨犹太人对年轻记者实施割喉的杀手，他们都有同样的意识形态。

我们在其他事件中也看到了同样的意识形态：在贝鲁特杀害 241 名船员，对世贸中心发动攻击，炸毁非洲的两处大使馆，袭击美国"柯尔号"军舰，2001 年 9 月 11 日对成千上万的无辜平民发动惨无人道的恐怖袭击。

这些行为没有一个是出于宗教信仰，这些行为全部都是狂热政治意识形态的结果。这种意识形态的信徒试图在中东和其他地区进行独裁暴政。他们试图压迫杀害

- 谋求既得利益
- 转移阵地
- 转移举证责任
- 欺骗、欺骗、欺骗
- 含糊其词，泛泛而谈
- 双标用词
- 撒大谎
- 把抽象词语和符号当作真实的事物
- 抛一两个烟雾弹
- 甩一组数据
- 使用双重标准（不放过一切机会）

女性；他们试图残害犹太人，基督徒以及热爱和平、憎恨恐怖的穆斯林；他们试图恐吓美国，妄想我们会害怕、会退缩；他们试图让自由国家互相为敌；他们试图制造大规模杀伤性武器，进行大规模的勒索和杀害。

在过去几十年里，我们已经看到，我们一旦表现出任何一点妥协或退缩，我们的敌人就会更加肆无忌惮，就会导致更多流血。现在我们的敌人也看到了，在过去的31个月中，我们不再沉默，也不再让步：有史以来第一次，文明世界面对恐怖主义的意识形态作出了团结一致的回应，进行了一系列有力、有效的打击。

恐怖分子已经失去了塔利班的庇护所，失去了阿富汗的训练营，失去了巴格达的盟友，利比亚也不再支持恐怖主义。面对严密的国际大搜索，他们还失去了一大批领导人。还有一点可能最让这些人以及他们领导的运动组织恐惧，那就是自由和改革在中东更大的范围内取得了进展。

垂死挣扎的敌人也是危险的敌人，我们的工作在完成之前将更为艰巨。没有人能够预测即将到来的危险和随后付出的代价。但是，在这场斗争中，除了果断的行动，没有任何万全之策。

如果我们在伊拉克失败，后果将是难以想象的。一旦新的暴政建立，美国在伊拉克的盟友将被出卖，所有人都将被监禁或杀害。美国在全世界的敌人都将弹冠相庆，嘲笑我们的软弱和衰落，并且利用此次胜利招募新一代的杀手。

我们必将在伊拉克取得胜利。我们将果断执行已经制定的决策，绝不改变。伊拉克必将成为一个自由、独立的国家。美国和中东都将因此而更加安全。我们的联军有方法、有毅力完成任务。我们为之努力的是伟大的自由事业，这是一个无论在什么地方都永远值得为之奉献的事业。

识别谬误：分析总统候选人的演讲

以下是第三党总统候选人拉尔夫·纳德就伊拉克战争、外交政策和"反恐战争"所作的演讲。请阅读，并找出你认为他所犯的逻辑谬误。

> 布什政府和民主党正在以各种极端方式将幕后企业金主的利益放在人民的利益之上。
>
> ——拉尔夫·纳德

谈入侵占领伊拉克

入侵和占领伊拉克导致的困境本来可以避免，现在也必须尽快终止。在我们越陷越深之前，应该把美国军队换为联合国维和部队，立即监督伊拉克进行选举，提供人道主义援助，防止给美国带来更多人员伤亡，造成更大的经济损失，同时防止损害美国在伊斯兰世界和周边的安全。对战争的错误认识和臆测使美国陷入了泥沼。我们已经在此事上花费了超过 1,550 亿美元，布什政府的巨大赤字雪上加霜，而国内很多需求却没有满足。现在我们的基础设施、学校和医疗保障每况愈下，我们不应该在占领伊拉克的泥潭中越陷越深，冒发生更多动乱的风险。要知道，1,550 亿美元足够支付所有学生四年的大学学费！

谈美国撤军，军事驻扎妨害伊拉克进步，消耗美国经济

每一天，我们的军队都暴露在布满战火的伊拉克。我们将美国的安全置于险境，消耗美国的经济，忽视紧迫的国内需求，阻碍伊拉克的民主自治。我们需要宣布撤除军队，而不是增派军队。主要总统候选人号召无限期保持现状，那将导致暴力衍生。美国在伊拉克的存在会像磁铁一样诱发暴动、绑架、恐怖主义和无政府主义。明确宣布撤军，结束美国企业对伊拉克经济和石油的接管，会将主流的伊拉克人和暴乱分子区分开来，让大多数伊拉克人都能从独立替代占领的转变中获益。

赢取辩论的 44 种卑鄙手段
• 反咬对方，以彼之道还施彼身
• 指责对方顺坡下滑（从而导致灾难）
• 诉诸权威
• 诉诸经验
• 诉诸恐惧
• 诉诸怜悯（或同情）
• 诉诸大众激情
• 诉诸（"经过检验证实"的）传统或信仰
• 摆出正义的姿态
• 人身攻击（而不攻击观点）
• 以假定为依据狡辩
• 要求尽善尽美（强加一些不可能实现的条件）
• 制造假两难（非黑即白）
• 设计类比（和隐喻）支持你的观点（即便它们有误导性，或者是"错误"的）
• 质疑对手的结论
• 故布疑云：无风不起浪
• 造"稻草人"
• 否认或捍卫矛盾
• 妖魔化对方，神圣化自己
• 巧妙回避问题
• 恭维受众
• 顾左右而言他
• 忽视证据
• 忽视要点
• 攻击（对自己不利的）证据
• 揪住次要问题不放
• 使用世界残酷论（为不道德行为开脱）
• 进行（一边倒的）冠冕堂皇的概括
• 无限放大对手立场的前后矛盾
• 让对手显得荒唐（"迷失在大笑中"）
• 过度简化问题
• 一味反对
• （按自己的意愿）改写历史

宣布撤军的三个步骤

1. 在联合国的支持下，有相关经历的中立国家和伊斯兰国家组成适当的维和部队。该部队应该开始迅速替代所有的美国军队和雇佣军。前将军韦斯利·克拉克曾经将布什政府的外交政策形容为牛仔单边主义，与美国应该向世界展现的形象完全相左。现在美国应该回到世界大家庭之中了。这支短期的部队花销更少，美国必须承担部分费用。

2. 应该在国际监督之下，尽快举行自由公平的选举，让伊拉克实现民主自治，让伊拉克能够为自己的安全负责。伊拉克是一个长期以来受残酷独裁者统治的国家，经济制裁将其拖垮，战争导致国家分崩离析。逊尼派、什叶派和库尔德人实现一定程度的自治，可以使新政府的建立变得可行。如果没有美国占领军的存在，也没有 14 个美国军事基地，伊拉克就更容易厘清这些事务。在伊拉克人看来，美军和美国军事基地的存在就是要安插傀儡政府，为无限期军事和石油产业占领打掩护。

3. 美国和其他国家应该向伊拉克提供临时的人道主义援助。经济制裁和战争给伊拉克人民、儿童以及基础设施带来了严重的损害。在 1991 年海湾战争之前，侯赛因是美国的盟友，却也使伊拉克陷入困境。20 世纪 80 年代，在里根和老布什任职期间，美国企业被批准向伊拉克出口

- 谋求既得利益
- 转移阵地
- 转移举证责任
- 欺骗、欺骗、欺骗
- 含糊其词，泛泛而谈
- 双标用词
- 撒大谎
- 把抽象词语和符号当作真实的事物
- 抛一两个烟雾弹
- 甩一组数据
- 使用双重标准（不放过一切机会）

用于化学生物武器的材料。美国的石油企业和其他企业不应从对伊拉克的非法入侵和占领中获利。对伊拉克石油和其他资产的控制应该由伊拉克人来实施。

谈"反恐战争"对公民自由和宪法权利的影响

由于"反恐战争"的发生，新技术使得侵犯隐私更容易，使得公民自由和正当法律程序受到了侵害。阿拉伯裔美国人和美国的穆斯林现在一直能感受到这些拉网式搜查、专横霸道行径的冲击。我支持重新恢复公民自由，废止《爱国者法案》，结束秘密监禁、无指控逮捕、不提供律师等行为，结束秘密"证据"的使用，禁止将非军事人员和平民送上军事法庭，停止依据所谓"莫须有罪名"进行判决。这些行为将权力集中在执政部门，是对司法权威的严重损害。执法不严和大范围搜捕既浪费资源，又会妨碍抓捕暴力犯罪。我支持扩大公民自由，将就业权纳入基本人权，以及实现性别、性取向、种族和宗教方面真正的平权。

谈外交政策

我们的外交政策必须重新定义全球安全、和平、军备控制等因素，终止核武器，与其他国家一道投入更多资源启动应对全球传染病的项目（如艾滋病、疟疾、肺结核、恶性流感）；随着这些疾病的抗药性越来越强，它们对我国的威胁也越来越大。我们还应开展其他投入少、产出多的项目（而不是花费大量资金制造武器），扩大我国在海外的影响，如各种公共安全措施，包括保证饮用水安全，控制烟草，阻止土壤侵蚀、砍伐森林、滥用化学物质，推行国际劳工标准，鼓励民主机构，建立农业合作社，推广农业、交通、住房等领域的先进技术，推广高效的新能源。联合国开发计划署和很多非政府组织正在为其他国家提供必要的经验和指导，提供经过实践检验的疗法和做法，帮助应对饥荒、营养不良以及相关疾病。如果我们以此为导向彻底改变外交政策，必将发现和培养第三世界的很多天才，如巴西的扫盲专家保罗·弗莱雷、埃及的农村住房专家哈桑·法特希、孟加拉的微型贷款专家默罕默德·尤尼斯。

避免两种极端

- 只在别人的思维中找谬误，不找自己的
- 不管读什么都能找到一样多的谬误

警告

大多数学生刚开始学习谬误的时候，会在与自己持不同意见的人的论证中找出大量谬误。要注意，其实你和自己的朋友一样，也同样频繁地使用谬误。尽量在自己的思维中找找谬误，试试自己是否诚实。记住，"我们已经找到了敌人，那就是我们自己！"

开始识别身边的谬误时，你要注意避免两种危险的极端。第一种是无意识的偏见，即只在（与你持不同意见的）其他人的思维中找谬误，而不找自己的谬误。在这种情况下，你是使用谬误作为标签，攻击与你有不同意见的人，而不以批判的态度审视自己所犯的谬误。你的"对手"使用类比，你立即指出那是个草率或不具代表性的概括。你铁了心和他作对，无论他说什么都能找出谬误。你的思维对自己则异常偏爱，因此在自己的思维中一个谬误也找不到。

第二种危险极端是认为所有人都会犯同样多的谬误，因此认为不需要太在意谬误。你会这么对自己说："这种情况是没救了。"

其实，谬误是"卑鄙"的手段，是试图以不公正的方式赢得辩论（或证明一种信念）。谬误的使用非常普遍，尤其是在以操控他人为职业的一些人身上。我们每个人有时也都会使用谬误，但是数量上往往会有巨大的差别。我们可以把谬误的使用比作空气污染。所有的空气都会携带污染物，但是并非所有的空气都会被严重污染。谁也做不到永远都思维谨慎，从不使用谬误。但是，尽量减少谬误的使用是有可能的。

为了保护自己，在别人试图用谬误手段操控我们的时候，我们需要能够识别出来。为了保持正直，我们自己也必须努力避免使用谬误手段。为此，我们需要学习监控自己的思维以及他人的思维，使用批判思

维的工具。我们必须认识到自己观点的内涵以及这种观点的局限。我们
必须以同理心进入他人的观点。我们必须学会如何精简自己的思维和他
人的思维，只剩下核心内容：核心概念、核心事实、核心推论、核心假
设。我们必须自愿认真审视对手和唱反调的人的思维。我们的思维应该
处于永远进化的状态，有条不紊地发扬优点，克服缺点——只有这样，
我们才能在这一过程中尽可能多地根除自己曾经使用过的谬误。

结论：理想世界（以及现实世界）的谬误

在一个人人都是公正的思辨者的世界，思维推理最卓越的人同时也应该是对世界影响最大的人。但是，我们现在所处的世界不是一个人人都经过理性训练、都能真正理解他人的世界。我们生活的社会从根本上而言是没有思辨精神的；在这个社会里，老练的操控者和精通诡计与骗术之徒往往有权有势、攫取私利。

在日常生活中，对权力和控制力的争夺一直在进行，在这种争夺中真理和洞察力很难战胜驱动大媒体的大财团。大财团通常利用媒体逻辑、花言巧语和公众洗脑技术等资源，谋求自己的利益。大多数人在认知上都不谙世故，都会接受错谬的思维，甚至会无意识地使用。

读到这里，我们希望你已经意识到，一贯被称为谬误的那些手段很多都是用来控制他人观点和信念的有效伎俩。我们最好把谬误看作良好推理的"伪装"，它们是用来操控世界上那些理性"羔羊"的手段。

当然，我们还应该意识到，那些操控他人的人同时也在欺骗自己。否则，他们就无法心安。人们都愿意把自己看成正派、公正的人，而不是操控老实人的骗子。于是，当人们用有问题的论证操控他人时，他们同时必须"欺骗"自己，让自己相信他们的想法是完全正当合理的。

在一个理想的世界里，孩子很早就会学习如何识别谬误。他们会发现谬误在日常语言使用中非常普遍。他们会练习在生活的方方面面中识别谬误。他们会逐渐理解人类思维的脆弱和不足。他们会学着认清自己的弱点和缺点：他们自身的自我中心化和社会中心化。他们会熟悉非批判性思维、诡辩思维和公正思维之间的区别。而且，他们会熟练识别和区分非批判性思维、诡辩思维和公正思维。他们会时时刻刻注意自己的思维，看看自己是否即将、正在或已然陷入自我中心化或社会中心化思想的泥沼。对他们来说，承认错误并不难。良好的推理很容易触动他们。

但是，我们并没有生活在一个理想的世界中。谬误是赢得辩论的

"卑鄙"手段，然而这些手段每天都在被用于赢得辩论、操控他人。它们充斥着大众媒体，是政治话语、公共关系和广告的基本内容。我们所有人都会时不时沦为它们的牺牲品。很多人张口闭口都是这些谬误，似乎这些谬误承载的都是神圣的真理。

你的目标应该是识破各种谬误，也就是那些想占你便宜的人的伎俩。它们是谋求影响力、利益和权力的骗术。如果能彻底看透这些谬误，你就能更有效地抵挡它们的影响。谬误经常披上正确推理的外衣充斥在日常生活中（它们也是为大众传媒续命的血液），若能发现它们，你就能更好地抵制其影响。一旦对谬误免疫，你对谬误的反应就会发生质变。你的质问能直击要害，戳穿他们的面具、幌子、用心经营的形象、引人瞩目的粉饰和虚华，你会掌管自己的思维和情绪，（逐渐）变成真正的自己。更重要的是，在追求自己的目标时，你会努力避免使用谬误。